W0256673

MikroComputer-Praxis

Die Teubner Buch- und Diskettenreihe für
Schule, Ausbildung, Beruf, Freizeit, Hobby

Danckwerts/Vogel/Bovermann: **Elementare Methoden der Kombinatorik**
Abzählen — Aufzählen — Optimieren — mit Programmbeispielen in ELAN
In Vorbereitung

Duenbostl/Oudin: **BASIC-Physikprogramme**
152 Seiten. DM 23,80

Duenbostl/Oudin/Baschy: **BASIC-Physikprogramme 2**
176 Seiten. DM 24,80

Erbs: **33 Spiele mit PASCAL**
. . . und wie man sie (auch in BASIC) programmiert
326 Seiten. DM 32,—

Erbs/Stolz: **Einführung in die Programmierung mit PASCAL**
2. Aufl. 240 Seiten. DM 24,80

Grabowski: **Computer-Grafik mit dem Mikrocomputer**
215 Seiten. DM 24,80

Haase/Stucky/Wegner: **Datenverarbeitung heute**
mit Einführung in BASIC
2. Aufl. 284 Seiten. DM 23,80

Hainer: **Numerik mit BASIC-Tischrechnern**
251 Seiten. DM 26,80

Hoppe/Löthe: **Problemlösen und Programmieren mit LOGO**
Ausgewählte Beispiele aus Mathematik und Informatik
168 Seiten. DM 21,80

Klingen/Liedtke: **ELAN in 100 Beispielen**
In Vorbereitung

Klingen/Liedtke: **Programmieren mit ELAN**
207 Seiten. DM 23,80

Koschwitz/Wedekind: **BASIC-Biologieprogramme**
In Vorbereitung

Lehmann: **Lineare Algebra mit dem Computer**
285 Seiten. DM 23,80

Lehmann: **Projektarbeit im Informatikunterricht**
Entwicklung von Softwarepaketen und Realisierung in PASCAL
236 Seiten. DM 24,80

Löthe/Quehl: **Systematisches Arbeiten mit BASIC**
2. Aufl. 188 Seiten. DM 21,80

Lorbeer/Werner: **Wie funktionieren Roboter**
In Vorbereitung

Menzel: **Dateiverarbeitung mit BASIC**
237 Seiten. DM 28,80

Fortsetzung auf der 3. Umschlagseite

MikroComputer–Praxis

Herausgegeben von
Dr. L. H. Klingen, Bonn, Prof. Dr. K. Menzel, Schwäbisch Gmünd
und Prof. Dr. W. Stucky, Karlsruhe

Analysis mit dem Computer

Von Alexandra Otto, Bonn

Mit zahlreichen Abbildungen, Beispielen und Übungen

B. G. Teubner Stuttgart 1985

CIP-Kurztitelaufnahme der Deutschen Bibliothek

Otto, Alexandra:
Analysis mit dem Computer / von Alexandra Otto. —
Stuttgart : Teubner, 1985.
   (Mikro-Computer-Praxis)
   ISBN 978-3-519-02528-3   ISBN 978-3-322-96683-4 (eBook)
   DOI 10.1007/978-3-322-96683-4

Gesamtherstellung: Beltz Offsetdruck, Hemsbach/Bergstraße
Umschlaggestaltung: W. Koch, Sindelfingen

Einleitung

Analysis stellt in der mathematischen Wissenschaft eine im 19. Jahrhundert mit großer Strenge entwickelte Theorie dar. Ihre Fundamente ruhen auf dem Grenzwertbegriff und den axiomatischen Eigenschaften der reellen Zahlen.

In der Schule, die sich auf wissenschaftliche Grundbildung beschränken muß, sind in der Analysis explizite Lösungen oft nicht erreichbar, weil hierzu aufwendige Termumformungen oder Abschätzungen nötig sind. Auch erschließt sich auf der Schule nicht die volle Systematik der Satzzusammenhänge und einschlägigen Begriffe, weil die notwendigen Beweistechniken nicht zur Verfügung stehen.

Es wird nicht überraschen, daß der Computer Grenzen dieser Art auch nicht überwinden kann. Allgemeingültige Aussagen auf der Grundmenge der reellen Zahlen kann er grundsätzlich nicht treffen, da ihm nur eine Teilmenge der rationalen Zahlen zur Verfügung steht. Die Feinstruktur einer überall stetigen und nirgendwo differenzierbaren Funktion kann kein Plotter zeichnen und Konvergenz oder Divergenz einer allgemeinen Folge kann kein Rechenwerk entscheiden. Analysis mit dem Computer gewinnt erst in anderer Sicht ihr Recht. Viele Anwendungsprobleme führen auf empirische Funktionen, welche zu interpolieren, zu approximieren oder auszugleichen sind. Ihre Nullstellen werden ebenso interessieren wie ihre Integrale. Für alle diese Ziele sind seit langem numerische Verfahren bekannt, deren algorithmischer und numerischer Aufwand relativ hoch ist. Über das Entlastungsinstrument Computer werden diese Verfahren erstmals leicht der Schule zugänglich; zugleich gewinnt man damit eine Anwendungsorientierung, welche hoch erwünscht ist, weil sie Mathematik beziehungshaltig macht.

Im vorliegenden Buch werden Algorithmen zusammengestellt, die zum einen im "Standardkurs" Analysis der Jahrgangsstufen 11.1 bis 12.1 sowohl im Leistungskurs als auch im Grundkurs eingesetzt werden können:

Verfahren zur

- Funktionswertberechnung
- Nullstellenbestimmung
- Interpolation und Extrapolation
- Differentiation
- Extremwertsuche
- Integration.

Darüber hinaus werden Themen für eine Erweiterung in Analysis III vorgeschlagen:

Verfahren zur

- Lösung von Differentialgleichungen
- Extremwertsuche bei Funktionen zweier Veränderlicher,

sowie für größere Projekte

- Cobweb - Modell
- Feigenbaum - Iteration
- Splinefunktionen
- Auswertungen von Meßreihen und Erhebungen

an.

Abschließend wird an konkreten Beispielen aufgezeigt, wo der unreflektierte Einsatz eines Rechners seine Grenzen findet, ja sogar korrekte Algorithmen falsche Ergebnisse liefern müssen. Einzelne Gründe hierfür werden angeführt und Auswege gewiesen.

Bei den aufgeführten Themen handelt es sich nur um eine Auswahl, die im Unterricht am Helmholtz - Gymnasium Bonn in verschiedenen Kursen erprobt wurden. Erweiterungen und Ergänzungen sind an beliebig vielen Stellen denkbar.

Auch erhebt das Buch keinen Anspruch darauf, ein Standardwerk der Analysis oder Numerik zu sein. Deshalb werden Beweise bis auf wenige Ausnahmen ausgespart und können in der angegebenen Literatur nachgelesen werden.

Die Programme wurden in ELAN und BASIC geschrieben. Die ELAN - Formulierung der Programme soll das Verfahren selbst für den Leser transparent machen, während die BASIC - Programme für die Anwender gedacht sind, welche auf kleineren Rechnern keine andere Sprache zur Verfügung haben. Pascal - Programme lassen sich leicht aus den ELAN - Programmen ableiten, wenn man die textuelle Ersetzung der Refinements selbst vornimmt.

Außer an den Analysis unterrichtenden Mathematiklehrer wendet sich das Buch an Schüler

- zum einen an diejenigen, die keine Informatikkurse belegt haben. Die Themen sind geeignet, Berührungsängste gegenüber dem Computer abzubauen.
- zum anderen an diejenigen, die auch Informatikschüler sind. Sie erhalten zusätzlich algorithmische Hinweise im numerischen Bereich.

Dank gilt meinen geduldigen Schülern sowie Dr. Leo Klingen, Dr. Christoph Otto und allen, die bei der Erstellung des Buches mitgeholfen haben, besonders der eumel - gruppe an der Universität Bielefeld.

Bonn, September 1984   Alexandra Otto

Inhaltsverzeichnis

Die Computerlösung eines Problems

In einem Wasserbassin schwimmen 2 Holzkugeln, die unterschiedlich tief eintauchen. Am Boden liegt eine weitere Kugel aus anderem Material. Alle Kugeln haben den gleichen Radius.
Wie tief tauchen die schwimmenden Kugeln ein?

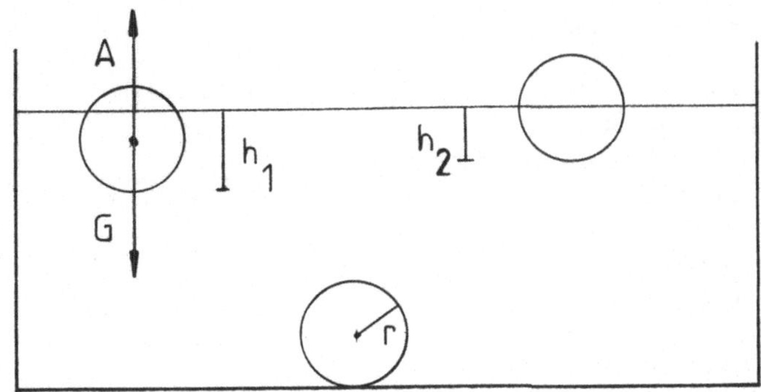

Abb. 1

Kann man die Eintauchtiefen h_1 und h_2 bestimmen, wenn die spezifischen Gewichte der Hölzer γ_1 bzw. γ_2 bekannt sind?
Wir erinnern uns an das Prinzip des Archimedes:
Beim schwimmenden Körper herrscht Gleichgewicht zwischen Auftrieb A und Körpergewicht G.
Und: der Auftrieb A ist genauso groß wie das Gewicht der verdrängten Flüssigkeitsmenge. Diese Wassermenge hat hier die geometrische Form eines Kugelabschnittes.
Eine Formelsammlung lehrt (hier mit den Bezeichnungen aus Abb. 1).

$$G = \frac{4}{3} \pi r^3 \gamma$$

$$= \frac{\pi}{3} h^2 (3r - h) = A \tag{1}$$

Zur Bestimmung des Gleichgewichts setzen wir ein einfaches Suchprogramm ein. Sinnvolle Suchgrenzen für h sind $h = 0$ (Kugel "liegt" auf dem Wasser) und $h = 2r$

(Kugel ist ganz untergetaucht). Angesichts begrenzter Meßgenauigkeit werden Suchschritte von 1 mm vielleicht reichen.

```
      definiere geometrische und physikalische konstanten;
      berechne kugelgewicht;
      initialisiere  suche;
      REPEAT
        berechne auftrieb;
        inkrementiere h
      UNTIL auftrieb > kugelgewicht
      END REPEAT;
      gib ermittelte eintauchtiefe aus.

      definiere geometrische und physikalische konstanten:
        REAL VAR gamma;
        put("Spezifisches Gewicht?");
        get(gamma);
        REAL VAR radius;
        put("Radius?");
        get(radius).

      berechne kugelgewicht:
        REAL VAR kugelgewicht;
        kugelgewicht := 4.0 * pi * radius**3 * gamma / 3.0.

      inkrementiere h:
        h INCR 0.1 .

      initialisiere suche:
        REAL VAR h :: 0.0.

      berechne auftrieb:
        REAL VAR auftrieb;
        auftrieb := pi * (3.0 * radius - h) * h**2 / 3.0.

      gib ermittelte eintauchtiefe aus:
        put("Ermittelte Eintauchtiefe:");
        put(h).
```

Bei einer Kugel mit dem spezifischen Gewicht 0.7 g/cm^3 und dem Radius 5 cm erhalten wir als Eintauchtiefe 6.4 cm; hat die Kugel vom Radius 5 cm das spezifische Gewicht 1.3 g/cm^3, so taucht sie voll ein. In der Annahme, daß einige Leser mit den Besonderheiten von ELAN weniger vertraut sind, werden wir jeweils verwendete Sprachkonstrukte in unsystematischer Weise kurz erläutern.

Die ersten 9 Zeilen enthalten das Hauptprogramm in sogenannten Refinements, die eine unmittelbare Gliederung des Problems darstellen. Das Zentrum des Verfahrens ist die klauselgesteuerte Wiederholung (UNTIL – Schleife) mit dem Archimedischen Abbruchkriterium am Ende, so daß die Schleife mindestens einmal durchlaufen wird. Die Deklaration der Variablen (hier REALs) erfolgt dann, wenn sie gebraucht werden, also in den Refinements. Vor jeder Prozedur 'get' steht eine Prozedur 'put', damit der Anwender weiß, was er von der Tastatur eingeben soll. Das Hauptprogramm und jedes Refinement schließt mit einem Punkt, jede einzelne Anweisung mit einem Semikolon.

Für den einfachen Algorithmus ist lediglich wichtig, daß die Suchgröße h außerhalb der Schleife initialisiert wird. Die Schrittweite (hier: konstant 0.1) kann man kleiner gestalten oder ebenfalls von der Tastatur hereinholen.

Das Verfahren bricht ab, wenn das Gewicht der Kugel kleiner als der Auftrieb ist. Um in jedem Fall ein Abbrechen zu erreichen, wird das entsprechende Refinement wie folgt formuliert:

```
inkrementiere h:
  IF h < 2.0 * radius
  THEN
    h INCR 0.1
  ELSE
    errorstop ("Kugel ist untergegangen!")
  FI.
```

Als Sprachkonstrukt ist hier die zweiseitige Alternative verwendet worden (wenn – dann – sonst), deren komplementäre Wege unmittelbar verständlich sind.

Nun wird hier der Anwender vielleicht einräumen, er habe keine Formelsammlung zur Hand gehabt, wisse allenfalls das Kugelvolumen auswendig, aber nicht das Volumen des Kugelabschnitts. Dieser mißliche Umstand ist für die Analysis ein willkommener Anlaß, daran zu erinnern, daß die hier schwimmenden Körper Rotationskörper sind, die sich nach einem Verfahren von Simpson leicht numerisch integrieren lassen. In der Tat steht nichts im Wege (vgl. Kapitel 1.3.3, Simpson – Verfahren), derart zu verfahren.

Der Mathematiker ist nun mehr an allgemeinerer Gültigkeit seiner Methoden interessiert. Er greift deshalb zu Papier und Stift und führt Gleichung (1) ein wenig weiter:

$$4\,r^3 \gamma = 3rh^2 - h^3$$

$$h^3 - 3rh^2 + 4\,r^3 \gamma = 0.$$

Das ist offensichtlich eine Gleichung 3.Grades, für die wiederum ein eigenes Lösungsverfahren (Cardano) bekannt ist, auf das wir hier nicht eingehen, weil es in-
haltlich nicht zur Analysis gehört. Allgemeinere Lösungen wären offenbar dann zur
Hand, wenn es gelänge, Nullstellen von

$$y = f(h) = h^3 - 3rh^2 + 4r^3$$

zu finden. Wenn man einen Zeichenwechsel der Funktion f kennt, wird man in
eine sinnvoll organisierte und effiziente Suche eintreten können. (vgl. Kapitel 1.1.2,
Bisektion). Hier wollen wir einem Gedanken von Newton folgen, der die Funktion f
in der Umgebung einer Nullstelle linearisierte:

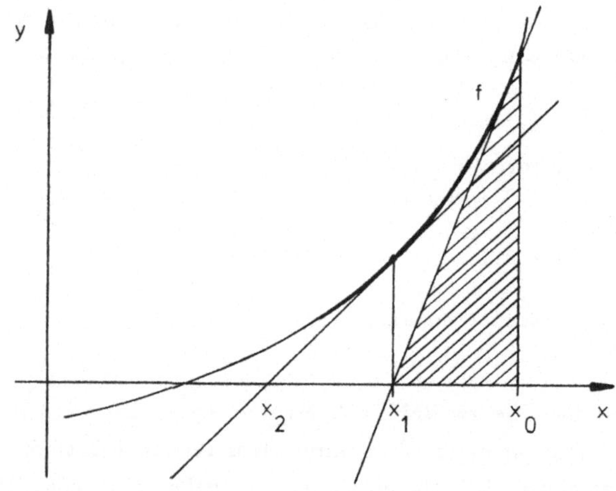

Abb. 2

Im schraffierten Dreieck gilt:

$$x_0 - x_1 = \frac{f(x_0)}{f'(x_0)}$$

also allgemein

$$x_{n+1} = x_n - \frac{f(x_n)}{f'(x_n)} . \qquad (2)$$

(vgl. Kapitel 1.2.1, Newton – Verfahren).

Wir lassen hier die Frage unberührt, ob das durch die Abb. 2 charakterisierte Verfahren immer konvergiert (vgl. Kapitel 1.2.2). Der Algorithmus ist schnell zu Papier gebracht:

– in ELAN:

```
LET radius = 5.0, gamma = 0.7;
REAL PROC f (REAL CONST h):
  h**3 - 3.0 * radius * h**2 + 4.0 * gamma * radius**3
END PROC f;

REAL PROC f1 (REAL CONST h):
  3.0 * h**2 - 6.0 * radius * h
END PROC f1;

definiere abbruch;
initialisiere;
REPEAT
  h := h - f(h)/f1(h);
  put (h);
  line
UNTIL  abs(f(h)) < eps
END REPEAT;
gib eintauchtiefe aus.
```

Auf die Erläuterung der drei Refinements im ELAN – Programm wird verzichtet, da sie unmittelbar verständlich sind und nichts Neues bringen. In Zeile 1 des Programms sieht man eine über das ganze Programm gültige ("globale") Abkürzungsvereinbarung mit dem Sprachkonstrukt LET.

Die beiden anschließenden Prozeduren sind sogenannte Funktionsprozeduren, die einen Wert (hier REAL) als Wert der letzten Anweisung liefern. Aus Gründen der zugelassenen Zeichen müssen wir f1 statt f' wie sonst in der Analysis üblich schreiben.

Dem Mathematiker wird auffallen, daß aus der Korrekturformel des Verfahrens, Gleichung (2), eine Zuweisung

```
x := x - f(x)/f1(x)
```

geworden ist: _dieselbe_ Variable x wird (mit einem anderen Variablenverständnis wie in der Mathematik) "überschrieben"; der Computer berechnet zuerst den Wert der _rechten_ Seite mit dem _alten_ Wert von x. Dann übergibt er diesen Wert an die linke Seite, so daß x einen verbesserten Wert erhält. Deshalb wird in ELAN (und allen

Sprachen der ALGOL – Familie) statt des Gleichheitszeichens das unsymmetrische Symbol ': = ' für die Zuweisung benutzt und z.B. mit 'wird' oder 'wird ersetzt durch' gelesen.

– in BASIC:

```
10: REM KUGELAUFGABE
20: INPUT "GAMMA?", G: INPUT "RADIUS?", R
30: LET M=4*PI*R**3*G/3: LET H=0
40: LET A=PI*(3*R-H)*H*H/3
50: IF A<=M THEN LET H=H+0.1: GOTO 40
60: PRINT "EINTAUCHTIEFE:", H
```

Mit diesem Verfahren erhalten wir für das vorliegende Beispiel folgende Werte für ein angenommenes Epsilon von 0.001, einem Kugelradius von 5 cm und einem Startwert von 5:

G = 0.2	G = 0.7	G = 1.3
3.00000	6.33333	10.33333
2.87302	6.36736	– 4.34767
2.87141	6.36743	– 5.86680
		– 5.62251
		– 5.61518
		– 5.61517
h = 2.871	h = 6.367	voll eingetaucht

Wir sehen, daß das Newton – Verfahren erstaunlich rasch konvergiert. Trotzdem wünschen wir uns noch eine Verbesserung der Effizienz. Der Hebel zur Optimierung des Verfahrens setzt am besten innerhalb der Schleife (im "Schleifenkörper") an, weil diese Anweisungen mehrfach durchlaufen werden.

Sowohl die Funktion f wie ihre Ableitung f' sind ganzrationale Funktiónen von h. In der Tat kann man ihre Funktionswerte rascher über einen speziellen Algorithmus, das Horner – Verfahren (vgl. Kapitel 1.1.1) berechnen. Wenn wir jedoch Nullstellen anderer Funktionen suchen, ergeben sich neue Probleme:

Gibt es dafür eine numerische Differentiation? (vgl. Kapitel 1.2.5)

Oder kann man das Newton – Verfahren so vereinfachen, daß man auf die fortgesetzte Differentiation verzichten kann? (vgl. Kapitel 1.2.1 und 1.1.3)

Dieses Buch will anhand ähnlicher Anwendungsprobleme zu zahlreichen numerischen Verfahren der Analysis führen. Wir erhalten ein vielfältiges Instrumentarium zur Bearbeitung von Problemen aus der Analysis mit dem Computer.

1   Algorithmen für Analysis I und II

1.1   Vorstufe Analysis

1.1.1 Horner – Schema

Für den Einsatz von Verfahren zur Nullstellenbestimmung ist es zweckmäßig, sich erst einmal einen Überblick über die Funktionswerte zu verschaffen. Bei der Behandlung ganzrationaler Funktionen bietet sich hier das Horner – Schema an.

Beispiel:

Gegeben sei das Polynom

$$f(x) = 3x^3 + 4x^2 + 13x + 19.$$

Durch Ausklammern der Variablen x aus den ersten drei Summanden erhalten wir

$$f(x) = (3x^2 + 4x + 13)x + 19.$$

Klammern wir x noch einmal aus den ersten beiden Summanden der Klammer aus, ergibt sich

$$f(x) = ((3x + 4)x + 13)x + 19.$$

Wollen wir nun den Funktionswert für $x = 2$ berechnen, so sind hierzu lediglich drei Additionen und drei Multiplikationen nötig:

$$f(2) = ((3 \cdot 2 + 4) \cdot 2 + 13) \cdot 2 + 19 = 85.$$

Man sieht unmittelbar, daß sich die Anzahl der Multiplikationen gegenüber der ursprünglichen Form verringert hat.

Die Rechenschritte werden in einem Schema, genannt Horner – Schema, folgendermaßen angeordnet:

$$
\begin{array}{c|cccc}
 & 3 & 4 & 13 & 19 \\
x=2 & & \cdot 2\nearrow 6 & \cdot 2\nearrow 20 & \cdot 2\nearrow 66 \\
\hline
 & 3 \nearrow & 10 \nearrow & 33 \nearrow & 85 = f(2).
\end{array}
$$

Die Pfeile $\cdot 2 \nearrow$ sind hier nur zur Verdeutlichung angebracht und werden normalerweise weggelassen.

Verallgemeinern wir das Verfahren für ein beliebiges Polynom dritten Grades

$$f(x) = a_3 x^3 + a_2 x^2 + a_1 x + a_0$$

und ein beliebiges Argument x_0 , so erhalten wir das Horner –
Schema

$$
\begin{array}{c|cccc}
 & a_3 & a_2 & a_1 & a_0 \\
x = x_0 & & a_3 x_0 & b_2 x_0 & b_1 x_0 \\
\hline
 & a_3 & b_2 & b_1 & f(x_0)
\end{array}
\qquad (1.1)
$$

mit

$$b_2 = a_3 x_0 + a_2$$

$$b_1 = b_2 x_0 + a_1$$

$$= (a_3 x_0 + a_2) x_0 + a_1$$

und

$$f(x_0) = b_1 x_0 + a_0$$

$$= ((a_3 x_0 + a_2)\, x_0 + a_1)\, x_0 + a_0$$

$$= a_3 x_0^3 + a_2 x_0^2 + a_1 x_0 + a_0 \ .$$

Programm zur Berechnung des Wertes einer ganzrationalen Funktion dritten Grades
an einer Stelle x unter Verwendung des
Horner – Schemas

– in ELAN:

```
definiere das polynom;
hole das argument;
berechne den funktionswert;
gib das ergebnis aus.

definiere das polynom:
  ROW 4 REAL VAR polynom;
```

```
INT VAR i;
FOR i FROM 4 DOWNTO 1
REPEAT
  put (i-1);
  put (".ter Koeffizient?");
  get (polynom [i])
END REPEAT.

hole das argument:
  put ("Welcher Funktionswert soll berechnet werden?");
  REAL VAR x;
  get (x).

berechne den funktionswert:
  REAL VAR wert :: polynom [4];
  FOR i FROM 3 DOWNTO 1
  REPEAT
    wert := wert * x + polynom [i]
  END REPEAT.

gib das ergebnis aus:
  put ("f(");
  put (x);
  put (") =");
  put (wert).
```

Bei dem in ELAN geschriebenen Programm tritt der zusammengesetzte Datentyp ROW auf, der in Verbindung mit der zählergesteuerten FOR – Schleife besonders gut zur Beschreibung von Polynomen geeignet ist. Beachtet werden muß allerdings, daß die Initialisierung einer ROW mit 1 anfängt und nicht mit 0, wie es bei der Indizierung der Koeffizienten von Polynomen wünschenswert wäre. Der Zugriff auf die i – te Stelle der ROW polynom erfolgt mit der Anweisung 'polynom [i]'. Wollen wir die Funktionswerte mehrerer Polynome unterschiedlichen Grades berechnen, so empfiehlt es sich, einen neuen Datentyp 'POLYNOM' zu definieren. Die hierfür notwendigen Informationen, nämlich den Grad und die Koeffizienten des Polynoms, werden durch den zusammengesetzten Datentyp 'STRUCT' beschrieben:

```
LET POLYNOM = STRUCT (ROW 8 REAL a, INT grad)
```

Im Programm deklarieren wir die 'POLYNOM VAR p'. Auf den Grad greifen wir mit der Anweisung 'p.grad' zu und auf den i – ten Koeffizienten mit 'p.a[i]'. Mit dem folgenden Programm können wir für ein Polynom höchstens 7.Grades, dessen Koeffizienten wir über die Tastatur eingeben, eine Wertetabelle erstellen:

```
LET POLYNOM = STRUCT (ROW 8 REAL a, INT grad);
hole grad des polynoms;
hole koeffizienten des polynoms;
initialisiere die wertetabelle;
erstelle die wertetabelle.

hole grad des polynoms:
  POLYNOM VAR p;
  put ("Grad des Polynoms?");
  get (p.grad).

hole koeffizienten des polynoms:
  INT VAR i;
  FOR i FROM p.grad+1 DOWNTO 1
  REPEAT
    put (i-1);
    put("-ter Koeffizient?");
    get (p.a[i])
  END REPEAT.

initialisiere die wertetabelle:
  REAL VAR anfang, ende, schrittweite;
  put ("Anfang der Wertetabelle?");
  get (anfang);
  put ("Ende der Wertetabelle?");
  get (ende);
  put ("Schrittweite?");
  get (schrittweite).

erstelle die wertetabelle:
  REAL VAR x :: anfang;
  REPEAT
    berechne den funktionswert;
    gib den funktionswert aus;
    nimm das naechste argument
  UNTIL ende der wertetabelle erreicht
  END REPEAT.

berechne den funktionswert:
  REAL VAR wert :: p.a [p.grad+1];
  FOR i FROM p.grad DOWNTO 1
  REPEAT
    wert := wert * x + p.a [i]
  END REPEAT.
```

```
gib den funktionswert aus:
  put ("f(");
  put (x);
  put (") =");
  put (wert);
  line.

nimm das naechste argument:
  x INCR schrittweite.

ende der wertetabelle erreicht:
  x > ende.
```

Wenn wir die Koeffizienten eines Polynoms nicht bei jedem Durchlauf des Programms von der Tastatur einlesen wollen, so können wir sie in eine externe Datei schreiben. Im Programm deklarieren wir dann eine sequential file (input, "Polynom"). Der Inhalt der Datei "Polynom" wird dann der Reihe nach , also sequentiell, in das Programm eingelesen.

Ähnlich verfahren wir, wenn wir die Wertetabelle nicht nur als flüchtige Ausgabe auf dem Bildschirm haben möchten, sondern die Werte in einer anderen Datei speichern wollen, von wo aus wir sie dann unter anderem auch ausdrucken können. Wir deklarieren die sequential file (output, "Wertetabelle") und schreiben dann vom Programm aus die Werte wiederum der Reihe nach in die Datei "Wertetabelle".

Das obige Programm muß dafür wie folgt geändert werden:

Nach der ersten Zeile des Hauptprogramms müssen die beiden folgenden Deklarationen eingefügt werden:

```
FILE VAR f :: sequential file (input,  "Polynom");
FILE VAR w :: sequential file (output, "Wertetabelle);
```

'f' ist hierbei die programminterne Bezeichung der Eingabedatei, "Polynom" ihr externer Name. Sie muß vor dem ersten Durchlauf des Programms eingerichtet sein und die notwendigen Werte enthalten.

Wollen wir für unser Beispiel von Seite 13

$$f(x) = 3x^3 + 4x^2 + 13x + 19$$

eine Wertetabelle von -3 bis 3 und der Schrittweite 0.5 erstellen, so muß die Datei "Polynom" folgendermaßen aussehen:

```
3 3 4 13 19
```

Die beiden Refinements für die Eingabe der Konstanten, 'hole grad des polynoms' und 'hole koeffizienten des polynoms', sowie das Refinement für die ausgabe, 'gib den funktionswert aus', müssen dann noch wie folgt geändert werden:

```
hole grad des polynoms:
  POLYNOM VAR p;
  get (f,p.grad).

hole koeffizienten des polynoms:
  INT VAR i;
  FOR i FROM p.grad+1 DOWNTO 1
  REPEAT
    get (f, p.a [i])
  END REPEAT.

gib den funktionswert aus:
  put (w,"f(");
  put (w,x);
  put (w,") =");
  put (w,wert);
  line (w).
```

In der Datei "Wertetabelle" finden wir dann die Ausgabe der Werte:

```
f(-3. )  = -65.
f(-2.5)  = -35.375
f(-2. )  = -15.
f(-1.5)  = -1.625
f(-1. )  =  7.
f(-.5 )  =  13.125
f(0.0 )  =  19.
f(0.5 )  =  26.875
f(1.  )  =  39.
f(1.5 )  =  57.625
f(2.  )  =  85.
f(2.5 )  =  123.375
f(3.  )  =  175.
```

– in BASIC:

```
10: DIM P(10)
20: "J" : INPUT "GRAD?", N
30: FOR I = N TO 0 STEP -1
40:    PAUSE I, "-TER KOEFFIZIENT?"
50:    INPUT P(I):
```

```
      NEXT I
 60: "A" : INPUT "ANFANG?", A
 70:        INPUT "ENDE?",   E
 80:        INPUT "STEP?",   S
 90: FOR X = A TO E STEP S
100:    F = P(N)
110:    FOR I = N-1 TO 0 STEP -1
120:       F = F * X + P(I) :
       NEXT I
130:    PRINT "F(" ; X ; ")=" ; F :
       NEXT X
140: PAUSE "NEUES POLYNOM?" :
       INPUT "J/N",B$
150: IF B$ = "J" THEN GOTO "J"
160: GOTO "A"
170: END
```

Im Unterschied zum ELAN – Programm kann hier die dimensionierte Variable P(8) (Zeile 10) mit 0 initialisert werden und so die gebräuchliche Polynomschreibweise direkt ins Programm übernommen werden.

In Zeile 140 wird gefragt, ob die Wertetabelle für ein neues oder das bereits eingegebene Polynom erstellt werden soll. Je nachdem beginnt das Programm mit der Marke "P" in Zeile 20 oder "A" in Zeile 60.

Betrachten wir nun einige weitere Eigenschaften des Horner – Schemas, die wir uns bei unterschiedlichen Fragestellungen zunutze machen können:

Die Zahlen der dritten Reihe des Horner – Schemas bilden im Falle, daß x_0 Nullstelle des Polynoms ist, die Koeffizienten des Restpolynoms, das bei der Division durch den Linearfaktor $(x - x_0)$ entsteht.

Allgemein gilt für

$$f(x) = a_3 x^3 + a_2 x^2 + a_1 x + a_0,$$

daß

$$(a_3 x^3 + a_2 x^2 + a_1 x + a_0) : (x - x_0)$$

$$= a_3 x^2 + (a_3 x_0 + a_2)x + ((a_3 x_0 + a_2)x_0 + a_1) + \frac{f(x_0)}{x - x_0}$$

und mit

$$b_2 = a_3 x_0 + a_2 \quad \text{und} \quad b_1 = b_2 x_0 + a_1$$

$$f(x) = (a_3 x^2 + b_2 x + b_1)\,(x - x_0) + f(x_0).$$

Ist nun x_0 Nullstelle von f, so gilt

$$f(x) = (a_3 x^2 + b_2 x + b_1)\,(x - x_0). \qquad (1.2)$$

Vergleichen wir die Zahlen in der dritten Zeile des allgemeinen Horner – Schemas (1.1), so finden wir diese gerade als Koeffizienten des Restpolynoms (1.2) wieder.
Mit Hilfe der Zahlen in der dritten Zeile des allgemeinen Horner – Schemas läßt sich auf einfache Weise die erste Ableitung an der Stelle x_0 berechnen.
Es gilt nämlich mit

$$f(x) = (a_3 x^2 + b_2 x + b_1)\,(x - x_0) + f(x_0),$$

daß

$$f'(x) = (2a_3 x + b_2)\,(x - x_0) + (a_3 x^2 + b_2 x + b_1)$$

und für $x = x_0$:

$$f'(x_0) = a_3 x_0^2 + b_2 x_0 + b_1.$$

Wieder bilden die Zahlen der dritten Zeile des allgemeinen Horner – Schemas (1.1) die Koeffizienten eines Polynoms, hier das der ersten Ableitung.
Wir können also das Horner – Schema wie folgt erweitern und erhalten in einem sowohl den Wert von f als auch den von f' an der Stelle x_0.

	a_3	a_2	a_1	a_0
$x = x_0$		$a_3 x_0$	$b_2 x_0$	$b_1 x_0$
	a_3	b_2	b_1	$f(x_0)$
$x = x_0$	a_3	$a_3 x_0$	$(a_3 x_0 + b_2)x_0$	
	a_3	$a_3 x_0 + b_2$	$(a_3 x_0 + b_2)x_0 + b_1 = f'(x_0)$	

Beispiel:

$$f(x) = 3x^3 + 4x^2 + 13x + 19$$

$$f'(x) = 9x^2 + 8x + 13$$

	3	4	13	19	
x = 2		6	20	66	
	3	10	33	85	= f(2)
x = 2		6	32		
	3	16	65	= f'(2)	

Wollen wir im Programm mit der Berechnung des Funktionswertes an einer Stelle auch gleich die Ableitung an dieser Stelle berechnen, so müssen wir die Werte der dritten Zeile des Horner – Schemas in einer 'ROW ableitung' festhalten.
Das Programm von S.16 muß wie folgt geändert werden:
Im Refinement 'hole grad des polynoms' wird die

```
POLYNOM VAR ableitung
```

deklariert. Im Refinement 'berechne funktionswert' muß der bei jedem Schritt berechnete 'wert' als Koeffizient für das Ableitungspolynom festgehalten werden:

```
ableitung.a[i] := wert
```

In der REPEAT – Schleife des Refinements 'erstelle die wertetabelle' werden zusätzlich die Refinements

```
berechne den wert der ableitung;
gib den wert der ableitung aus
```

aufgerufen, die dann noch wie folgt erklärt werden:

```
berechne den wert der ableitung:
  wert := p.a [p.grad+1];
  FOR i FROM p.grad DOWNTO 2
  REPEAT
    wert := wert * x + ableitung.a [i]
  END REPEAT.
```

```
gib den wert der ableitung aus:
   put ("f'(");
   put (x);
   put (") =");
   put (wert);
   line.
```

Im BASIC – Programm von Seite 18 dimensionieren wir in Zeile 10 zusätzlich die Variable 'P1' für das Ableitungspolynom. In Zeile 120 halten wir dann die Koeffizienten dieses Polynoms fest mit Hilfe der Zuweisung

```
P1(I) = F.
```

Ab Zeile 130 sieht das Programm dann folgendermaßen aus:

```
130:    PRINT "F(";X;")=";F
140:    F = P(N)
150:    FOR I = N-1 TO 1 STEP -1
160:      F=F*X+P(I) :
          NEXT I
170:    PRINT "F1(";X;")=";F:
        NEXT X
180: PAUSE "NEUES POLYNOM?":
     INPUT "J/N", B$
190: IF B$ = "J" THEN GOTO "J"
200: GOTO "A"
210: END
```

Für die Funktion $f(x) = 3x^3 + 4x^2 + 13x + 19$ erhalten wir als Wertetabelle für Funktion und Ableitung auf dem Bildschirm oder in einer Datei:

```
f( -3. )  = -65.        f'(-3. )  = 70.
f( -2.5 ) = -35.375     f'(-2.5)  = 49.25
f( -2. )  = -15.        f'(-2. )  = 33.
f( -1.5 ) = -1.625      f'(-1.5)  = 21.25
f( -1. )  = 7.          f'(-1. )  = 14.
f( -.5 )  = 13.125      f'(-.5 )  = 11.25
f( 0.0 )  = 19.         f'(0.0 )  = 13.
f( .5 )   = 26.875      f'(0.5 )  = 19.25
f( 1. )   = 39.         f'(1. )   = 30.
f( 1.5 )  = 57.625      f'(1.5 )  = 45.25
f( 2. )   = 85.         f'(2. )   = 65.
f( 2.5 )  = 123.375     f'(2.5 )  = 89.25
f( 3. )   = 175.        f'(3. )   = 118.
```

Übungen:

1. Berechnen Sie mit Hilfe des Horner – Schemas die Funktionswerte und die Werte der ersten Ableitung an den angegebenen Stellen:

   a) $f(x) = 3.84x^3 - 0.57x^2 + 1.93x + 2.77$; $x_0 = 11.02$

   b) $f(x) = 1.234x^4 + 0.812x^2 - 0.3x$; $x_0 = -3.123$

2. Stellen Sie mit Hilfe des Horner – Schemas eine Wertetabelle für die folgenden Funktionen im Intervall $[-3;3]$ auf:

   a) $f(x) = x^3 + 3x - 1$

   b) $f(x) = x^3 - 1.5x^2 + 4.5x - 3.125$

3. Stellen Sie die folgenden Polynome $p(x)$ in der Form

   $$p(x) = (x - x_0) \, q(x) + r$$

   dar:

   a) $p(x) = 0.5x^3 - 0.7x^2 - 1.6x + 9$; $x_0 = 2$

   b) $p(x) = 0.01x^4 + 0.015x^3 - 1.27x^2 - 0.925x + 1.53$;

   $x_0 = -1.5$

4. Gegeben ist die Funktion

   $$f(x) = 3x^4 - 34x^3 + 155x^2 - 347x + 279.$$

   a) Stellen sie f in der folgenden Form dar

   $$f(x) = a_4(x-3)^4 + a_3(x-x)^3 + a_2(x-3)^2 + a_1(x-3) + a_0$$

   b) Berechnen Sie alle Ableitungen an der Stelle $x = 3$.

5. 1011001110101 bezeichnet eine Zahl im Dualsystem.
   Jedes Stellenwertsystem stellt Zahlen als Potenzsummen dar:

   $$z = a_m b^m + a_{m-1} b^{m-1} + \ldots + a_1 b + a_0 \; .$$

   Für die Berechnung des Wertes der Zahl im Zehnersystem bietet sich das Horner – Verfahren an:

   $$z = ((a_m b + a_{m-1}) \, b + a_{m-2}) \, b \ldots a_0$$

   Schreiben Sie eine Prozedur, welche die obige Dualzahl (oder eine andere mit höchstens 15 Stellen) als ROW einliest, nach den Horner – Verfahren verarbeitet, und als INT – Wert ausgibt.

1.1.2 Bisektion

Um die Nullstellen eines Polynoms, die mit elementaren Methoden nicht mehr berechenbar sind, herauszufinden, verschaffen wir uns erst einmal mit Hilfe des Horner – Schemas einen Überblick über die Funktionswerte. Nach dem Nullstellensatz von Bolzano muß dann zwischen zwei Werten a und b, deren Funktionswerte unterschiedliche Vorzeichen haben, mindestens eine Nullstelle liegen. Haben wir zwei solche Werte a und b gefunden, so bestimmen wir die Mitte x des Intervalls. Entweder haben dann die Funktionswerte von a und x oder die von x und b jeweils unterschiedliche Vorzeichen und die Nullstelle muß in einem der beiden Intervalle liegen. Wieder halbieren wir das entsprechende Intervall und entscheiden an Hand des Vorzeichens der Intervallmitte, in welchem Teilintervall die Nullstelle liegen muß. Dieses Verfahren wird Intervallhalbierung oder Bisektion genannt.

Beispiel: Die Funktion

$$f(x) = 3x^3 + 4x^2 + 13x + 19 \ .$$

hat einen Vorzeichenwechsel im Intervall $[-2; -1]$ (vgl. S.18)
Mit dem Verfahren der Intervallhalbierung können wir die Nullstelle näherungsweise bestimmen:

$$x_1 \in [-1.5 ; -1], \qquad da \ f(-1.5) = -1.635$$
$$und \ \ f(-1) = 7$$
$$x_2 \in [-1.5 ; -1,25], \quad da \ f(-1.25) = 3.14,$$
$$x_3 \in [-1.5 ; -1.375], \quad da \ f(-1.375) = 0.89,$$
$$x_4 \in [-1.4375 ; -1.375], \quad da \ f(-1,4375) = -3.33,$$

usw.

Nehmen wir nun die Mitte des vierten Intervalls $x_5 = -1.40625$ als Näherungswert für die Nullstelle, liegt der absolute Fehler unter einer Grenze von $4 \cdot 10^{-2}$.
Ist x_1 die Mitte des Intervalls $[a,b]$, x_2 die von entweder $[a,x_1]$ oder $[x_1,b]$, so erhalten wir mit den Mittelpunkten der Intervalle eine Folge (x_n), die bei stetigen Funktionen gegen die Nullstelle x_0 der Funktion konvergiert. Wählen wir x_n als näherungsweise Nullstelle, so beträgt der Fehler zur echten Nullstelle x_0

$$|x_0 - x_n| \leq |x_n - x_{n-1}| \ ,$$

denn x_n ist der Mittelpunkt eines Intervalls, dessen rechte oder linke Grenze x_{n-1}

sein muß. Da die Intervalle durch fortlaufende Halbierung entstehen, gilt:

$$|x_0 - x_n| \leq |x_n - x_{n-1}| \leq 2^{-n} (b - a).$$

Wir können also bei vorgegebener Fehlerschranke die Anzahl der notwendigen Schritte berechnen.

In unserem Beispiel ist $b - a = 1$. Soll die Fehlerschranke $4 \cdot 10^{-2}$ betragen, so gilt:

$$2^{-n} \cdot 1 \leq 4 \cdot 10^{-2} .$$

Lösen wir die Gleichung nach n auf, so gilt $n \geq 4.6$.

Also ist $x_5 = -1.40625$ der Näherungswert mit der gewünschten Genauigkeit. Allerdings gilt für den Funktionswert

$$f(x_5) = 0.286 ,$$

eine noch recht erhebliche Abweichung von Null. Der Einsatz eines zusätzlichen Abbruchkriteriums ist hier sinnvoll.

Programm zur Nullstellenbestimmung bei Polynomen höchstens siebten Grades mit Bisektion:

– in ELAN:

```
LET POLYNOM = STRUCT(ROW 8 REAL a, INT grad);

REAL PROC f(POLYNOM CONST p, REAL CONST x):
  REAL VAR wert::p.a(p.grad+1);
  INT VAR i;
  FOR i FROM p.grad DOWNTO 1 REPEAT
    wert:=wert * x + p.a(i)
  END REPEAT;
  wert
END PROC f;

definiere das polynom;
hole startwerte fuer die bisektion;
IF vorzeichenwechsel THEN
  fuehre bisektion durch;
  gib nullstelle aus
FI.
```

```
definiere das polynom:
  hole grad des polynoms;
  hole koeffizienten des polynoms.

hole startwerte fuer die bisektion:
  REAL VAR xli, xre, eps;
  put ("Linke Grenze?");
  get (xli);
  put ("Rechte Grenze?");
  get (xre);
  put ("Fehlerschranke?");
  get (eps).

vorzeichenwechsel:
  f(p,xli) * f(p,xre) < 0.0.

fuehre bisektion durch:
  REPEAT
    halbiere das intervall;
    bestimme neues intervall mit vorzeichenwechsel;
  UNTIL fehlergrenze unterschritten
        AND f klein genug
  END REPEAT.

halbiere das intervall:
  REAL VAR xneu :: (xli + xre)/2.0.

bestimme neues intervall mit vorzeichenwechsel:
  IF f(p,xli) * f(p,xneu) < 0.0 THEN
    xre := xneu
  ELIF f(p,xneu) * f(p,xre) < 0.0 THEN
    xli := xneu
  ELSE
    LEAVE fuehre bisektion durch
  FI.

fehlergrenze unterschritten:
  abs (xli - xre) < 2.0 * eps.

f klein genug:
  abs(f(p,xneu)) < eps.

gib nullstelle aus:
  put ((xli + xre)/2.0).
  put ("ist ein Naeherungswert fuer die gesuchte Nullstelle.")
```

Die Refinements 'hole grad des polynoms' und 'hole koeffizienten des polynoms'
können aus dem Programm von S.16 übernommen werden.

An Stelle des Refinements 'berechne den funktionswert' (vgl. S.16) wird bei diesem Programm eine wertliefernde Prozedur, auch Funktionsprozedur genannt, verwandt.

Eine Prozedur stellt eine größere Gliederungseinheit dar und kann selber Refinements enthalten. Variable, die innerhalb einer Prozedur deklariert werden, haben nur in der Prozedur Gültigkeit. Es handelt sich um lokale Variable. Außerhalb der Prozedur sind sie für andere Anwendungen frei. Der Prozedur können mehrere Variable (hier: Polynom p und Argument x) übergeben werden. Sie werden in der angegebenen Reihenfolge gelesen.

Auf diese Weise erfüllen Prozeduren besonders gut den definierenden Anspruch eines Algorithmus, ein allgemeingültiges Verfahren darzustellen.

So können wir auch den Vorgang der fortlaufenden Halbierung durch eine Prozedur 'halbiere' beschreiben:

```
REAL PROC halbiere (REAL VAR xre, xli, eps):
  REAL VAR xneu;
  IF vorzeichenwechsel (xli,xre) THEN
    fuehre bisektion durch
  FI;
  (xre + xli)/2.0.

  fuehre bisektion durch:
    REPEAT
      halbiere das intervall;
      bestimme neues intervall mit vorzeichenwechsel;
    UNTIL fehlergrenze unterschritten
        AND f klein genug
    END REPEAT.

  halbiere das intervall:
    xneu := (xli + xre)/2.0.

  bestimme neues intervall mit vorzeichenwechsel:
    IF   vorzeichenwechsel (xli,xneu) THEN
      xre := xneu
    ELIF vorzeichenwechsel (xneu,xre) THEN
      xli := xneu
    ELSE
      LEAVE halbiere WITH xneu
    FI.
```

```
    fehlergrenze unterschritten:
      abs (xli - xre) < 2.0 * eps.

    f klein genug:
      abs(f(p,xneu)) < eps.


  END PROC halbiere;
```

Innerhalb der Prozedur 'halbiere' werden sowohl die Funktionsprozedur 'f' als auch eine Prozedur 'vorzeichenwechsel' aufgerufen. Letztere muß folgendermaßen aussehen:

```
    BOOL PROC vorzeichenwechsel (REAL VAR xli, xre):
      f(p,xli) * f(p,xre) < 0.0
    END PROC vorzeichenwechsel;
```

Es handelt sich um eine BOOL PROC, die entweder FALSE oder TRUE als Wert liefert.

Zum Schluß noch das veränderte Hauptprogramm:

```
    definiere das polynom;
    hole startwerte fuer die bisektion;
    gib mit bisektion ermittelte nullstelle aus.

    gib mit bisektion ermittelte nullstelle aus:
      put (halbiere (xre, xli, eps)).
      put ("ist ein Naeherungswert fuer die gesuchte Nullstelle.").
```

– in BASIC:

```
 10: REM BISEKTION
 20: DIM P(8)
 30: INPUT "GRAD?", N
 40: FOR I=N TO 0 STEP -1
 50:    PAUSE I; "-TER KOEFFIZIENT?"
 60:    INPUT P(I) :
        NEXT I
 70: INPUT "LINKE GRENZE?", L
 80: INPUT "RECHTE GRENZE?", R
 90: INPUT "ABBRUCH?", E
100: X=L: GOSUB "F"
110: FL = F
120: X=R: GOSUB "F"
130: FR = F
140: IF SGN FL = SGN FR THEN PAUSE
        "NEUE GRENZEN!":GOTO 70
150: M=(L+R)/2
```

```
160: X=M:GOSUB "F"
170: IF ABS(F)<=0 THEN 210
180: IF ABS (L-R) < E THEN 210
190: IF SGN FL <> SGN F THEN LET R=M:
     GOTO 100
200: L=M:GOTO 100
210: PAUSE "NULLSTELLE:": PRINT M
220: PAUSE "NEUE GRENZEN?"
230: INPUT "J/N"; B$
240: IF B$ = "J" THEN 70
250: END
300: "F":F=P(N)
310: FOR I = N-1 TO 0 STEP -1
320:    F=F*X+P(I):
     NEXT I
330: RETURN
```

Beispiel:

Mit einer Fehlergrenze von 2^{-8} erhalten wir für die Funktion

$$f(x) = x^3 + 3x - 1$$

die folgenden Intervalle

$$[0.0 \; ; \; 0.5]$$
$$[0.25 \; ; \; 0.5]$$
$$[0.25 \; ; \; 0.375]$$
$$[0.3125 \; ; \; 0.375]$$
$$[0.3125 \; ; \; 0.34375]$$
$$[0.3125 \; ; \; 0.328125]$$
$$[0.3203125 \; ; \; 0.328125]$$
$$[0.3203125 \; ; \; 0.32421875]$$

Die Folge der Mittelpunkte der Intervalle ist:

$$x_1 = 0.5$$
$$x_2 = 0.25$$
$$x_3 = 0.375$$
$$x_4 = 0.3125$$
$$x_5 = 0.34375$$
$$x_6 = 0.328125$$
$$x_7 = 0.3203125$$
$$x_8 = 0.32421875$$

$$x_9 = 0.322265625$$

ist ein Näherungswert für die Nullstelle, mit dem die Fehlergrenze von 2^{-8} unterschritten wird.

Da bei einer beliebigen, stetigen Funktion die Nullstelle nicht unbedingt in der Mitte des Intervalls zu erwarten ist, scheint die fortlaufende Halbierung nicht die einzig sinnvolle Methode zu sein. Wurden bisher nur die Vorzeichen der Funktionswerte an den Intervallgrenzen benutzt, so sollte die Berücksichtigung der Größe der Funktionswerte Teilungspunkte ergeben, die näher an der Nullstelle liegen. Die Halbierung eines Intervalls $[a,b]$ ist sicher dann sinnvoll, wenn

$$|f(a)| \approx |f(b)|$$

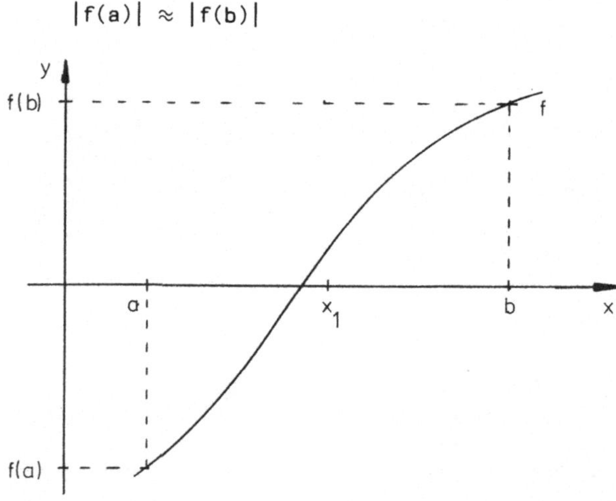

Abb. 1.1

Andernfalls läßt sich ein Teilungspunkt x_1 leicht mit dem Strahlensatz berechnen (Abb. 1.2):

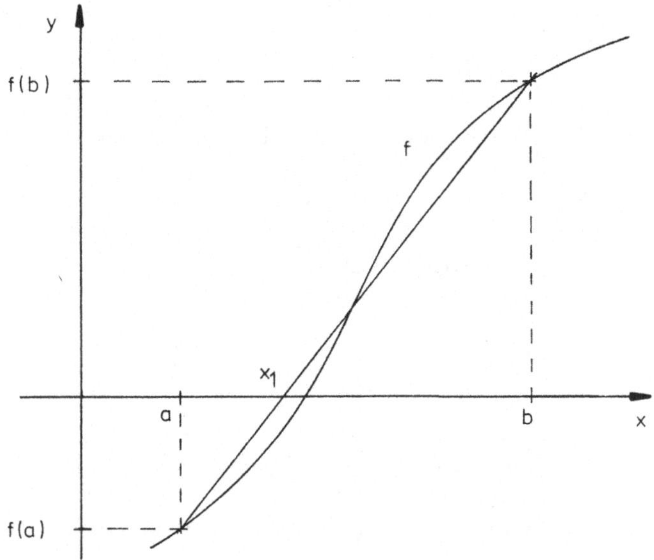

Abb. 1.2

$$\frac{f(a)}{f(b)} = \frac{x_1 - a}{b - x_1}$$

$$x_1 = \frac{b\ f(a)\ +\ a\ f(b)}{f(a)\ +\ f(b)}$$

Gilt nun $f(a) < 0$ und $f(b) > 0$, so ergibt sich

$$x_1 = \frac{a\ f(b)\ -\ b\ f(a)}{f(b)\ -\ f(a)} \ . \qquad\qquad (1.3)$$

Im Falle, daß $f(a) > 0$ und $f(b) < 0$, folgt analog

$$x_1 = \frac{b\ f(a)\ -\ a\ f(b)}{f(a)\ -\ f(b)} \ .$$

Die beiden Terme sind gleich, da der zweite Quotient lediglich mit (-1) erweitert werden muß.

Wollen wir das Verfahren programmieren, müssen wir im ELAN – Programm zur Nullstellenbestimmung mit Bisektion (S.27) den Term für 'xneu' und im entsprechenden BASIC – Programm (S.28) den Term für 'M' durch obigen Term ersetzen.

Für die Funktion

$$f(x) = x^3 + 3x - 1$$

ergeben sich bei einem Abbruchwert von 2^{-8} die folgenden Intervalle

```
              [0.25 ; 1]
        [3.043478e-1 ; 1]
        [3.177128e-1 ; 1]
        [3.210603e-1 ; 1]
        [3.219021e-1 ; 1]
           [0.322114 ; 1]
        [3.221674e-1 ; 1]
        [3.221808e-1 ; 1]
        [3.221842e-1 ; 1]
        [3.221851e-1 ; 1]
        [3.221853e-1 ; 1]
        [3.221853e-1 ; 1]
        [3.221854e-1 ; 1]
        [3.221854e-1 ; 1]
        [3.221854e-1 ; 1]
        [3.221854e-1 ; 1]
        [3.221854e-1 ; 1]
        [3.221854e-1 ; 1]
        [3.221854e-1 ; 1]
        [3.221854e-1 ; 1]

   3.221854e-1 ist ein Näherungswert für die
           gesuchte Nullstelle
```

Bei der Betrachtung der Intervalle fällt auf, daß das abgeänderte Verfahren hier nicht günstiger ist. Die Intervallängen ändern sich nur unwesentlich. Der Grund hierfür ist die Tatsache, daß die Teilungspunkte zwar schon sehr nah bei der gesuchten Nullstelle liegen, jedoch einen negativen Funktionswert haben.
Nach 20 Intervallen wird im ELSE – Teil der IF – Bedingung mit dem 21. Teilungspunkt die Prozedur verlassen, da der zugehörige Funktionswert erst auf der 14.Dezimale eine von Null verschiedene Ziffer hat und somit wegen der internen REAL – Verarbeitung mit 13 Stellen auf Null gerundet wird. Da die Ausgabe der Intervallgrenzen nur 7 – stellig ist, unterscheiden sich der 11. und 12. Teilungspunkt und von da an alle weiteren in der Ausgabe nicht.

Beispiel:

$$f(x) = x^3 - 1.5x^2 + 4.5x - 3.125$$

Nullstellenbestimmung mit Bisektion:

$$[0.5 \ ; \ 1]$$
$$[0.75 \ ; \ 1]$$
$$[0.75 \ ; \ 0.875]$$
$$[0.75 \ ; \ 0.8125]$$
$$[0.78125 \ ; \ 0.8125]$$
$$[0.78125 \ ; \ 0.796875]$$
$$[7.890625e\text{-}1 \ ; \ 0.796875]$$
$$[7.929688e\text{-}1 \ ; \ 0.796875]$$
$$[7.929688e\text{-}1 \ ; \ 7.949219e\text{-}1]$$

7.939453e-1 ist ein Näherungswert für die
gesuchte Nullstelle

Nullstellenbestimmung mit gewichteter Teilung:

$$[0.78125 \ ; \ 1]$$
$$[7.926406e\text{-}1 \ ; \ 1]$$
$$[0.79324 \ ; \ 1]$$
$$[7.932717e\text{-}1 \ ; \ 1]$$
$$[7.932734e\text{-}1 \ ; \ 1]$$
$$[7.932735e\text{-}1 \ ; \ 1]$$
$$[7.932735e\text{-}1 \ ; \ 1]$$
$$[7.932735e\text{-}1 \ ; \ 1]$$
$$[7.932735e\text{-}1 \ ; \ 1]$$
$$[7.932735e\text{-}1 \ ; \ 1]$$

7.932735e-1 ist ein Näherungswert für die
gesuchte Nullstelle

Das ungünstige Verhalten des letzten Verfahrens bei den betrachteten Polynomen besagt natürlich nicht, daß es andere, stetige Funktionen gibt, wo es schneller zum Ziel führt als die Bisektion.
Auch wäre eine Mischform aus beiden Verfahren, nämlich der Berücksichtigung der Vorzeichen und der Funktionswerte, denkbar, welches schnell einen günstigen Näherungswert ergibt.

Übungen:

1. Schreiben Sie ein Programm zur Nullstellenbestimmung, das sowohl den Mittelpunkt eines Intervalls als auch dessen nach Funktionswerten an den Grenzen gewichteten Teilungspunkt bestimmt und dann als neues Intervall das kleinste der Intervalle nimmt, die einen Vorzeichenwechsel haben.

2. Bestimmen Sie mit Hilfe dieses Programms bei einer vorgegebenen Fehlergrenze von 2^{-8} die Nullstellen der folgenden Funktionen

a) $f(x) = 3x^3 + 4x^2 + 13x + 19$

b) $f(x) = x^3 + 3x - 1$

c) $f(x) = x^3 - 1.5x^2 + 4.5x - 3.125$

1.1.3 Sekantenverfahren

Schauen wir uns Abb. 1.2 (S. 31) an, so liegt die Idee nahe, den Schnittpunkt der Sekante s_1 durch $P_0(a;f(a))$ und $P_1(b;f(b))$ mit der x – Achse zu bestimmen. Das bedeutet, daß wir die Funktion im Intervall [a,b] durch eine lineare Funktion ersetzen.

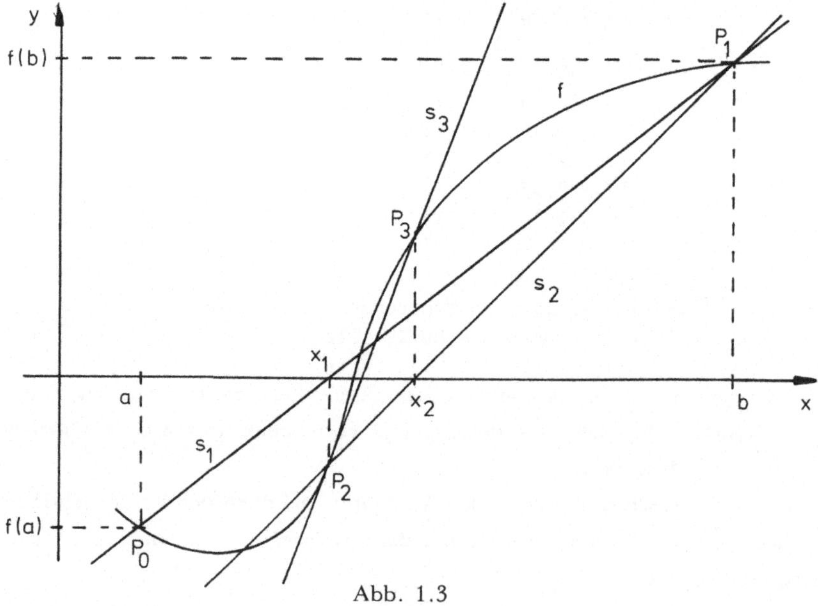

Abb. 1.3

Anschließend legen wir die Sekante s_2 durch P_1 und $P_2(x_2;f(x_2))$ und erhalten den Schnittpunkt von s_2 mit der x – Achse. Wiederholen wir den Vorgang mit P_2 und P_3, so erhalten wir Werte, die der Nullstelle möglicherweise näher liegen. Das Verfahren heißt Sekantenverfahren oder regula falsi.

Beispiel:

Wählen wir für die Berechnung der Nullstelle der Funktion

$$f(x) = x^3 + 3x - 1$$

die Punkte $P_0(0; -1)$ und $P_1(1;3)$, so erhalten wir mit der Zweipunkteform die Gleichung der Sekante

$$s_1: \quad y = 4x - 1,$$

Die Anfangspunkte für den nächsten Schritt sind P_1 und P_2.
Die Sekante s_2 wird bestimmt durch

$$s_2: \quad y = 4.31x - 1.31$$

und schneidet die x – Achse an der Stelle $x_3 = 0.3$. Die Sekante s_3 verläuft durch P_2 und $P_3(0.3; -0.06)$, hat die Gleichung

$$s_3: \quad y = 3.4x - 1.08$$

und schneidet die x – Achse an der Stelle $x_4 = 0.32$.
Die Folge von Näherungswerten für die Nullstelle und ihre Funktionswerte sind

$$x_0 = 0 \quad ; \quad f(x_0) = -1$$

$$x_1 = 1 \quad ; \quad f(x_1) = 3$$

$$x_2 = 0.25 \quad ; \quad f(x_2) = -0.23$$

$$x_3 = 0.3 \quad ; \quad f(x_3) = -0.06$$

$$x = 0.32 \quad ; \quad f(x) = -0.01.$$

Wir sehen, daß in diesem Beispiel die Funktionswerte gegen Null streben.
Die Verallgemeinerung liefert für zwei Startwerte x_0, x_1 die Sekante s_1 durch die Punkte $P_0(x_0;f(x_0))$ und $P_1(x_1;f(x_1))$:

$$s_1: \quad y = \frac{f(x_1)-f(x_0)}{x_1 - x_0} x - \frac{f(x_1)-f(x_0)}{x_1 - x_0} x_0 + f(x_0).$$

s_1 schneidet die x – Achse an der Stelle

$$x_2 = x_0 - f(x_0) \frac{x_1 - x_0}{f(x_1)-f(x_0)}.$$

Legen wir nun die Sekante s_2 durch $P_1(x_1;f(x_1))$ und $P_2(x_2;f(x_2))$, so schneidet diese die x – Achse an der Stelle

$$x_3 = x_1 - f(x_1)\,\frac{x_2 - x_1}{f(x_2) - f(x_1)}\ ,$$

unter der Voraussetzung, daß

$$f(x_1) \neq f(x_2)\,.$$

Setzen wir das Verfahren fort, so schneidet die $(n-1)$ – te Sekante die x – Achse an der Stelle

$$x_n = x_{n-2} - f(x_{n-2})\,\frac{x_{n-1} - x_{n-2}}{f(x_{n-1}) - f(x_{n-2})}\ . \qquad (1.4)$$

Eine solche Rechenvorschrift nennen wir Iterationsformel.

Hat die Folge (x_n), wobei die x_n nach obiger Iteration berechnet wurden, den Grenzwert $\bar{x}$, so ist $\bar{x}$ eine Nullstelle der Funktion f, wenn f stetig ist.

Programm zur Bestimmung einer Nullstelle eines Polynoms höchstens siebten Grades mit dem Sekantenverfahren

– in ELAN:

```
LET POLYNOM = STRUCT(ROW 8 REAL a, INT grad);

REAL PROC f (POLYNOM CONST p, REAL CONST x):
  REAL VAR wert::p.a(p.grad+1);
  INT VAR i;
  FOR i FROM p.grad DOWNTO 1 REPEAT
    wert:=wert * x + p.a(i)
  END REPEAT;
  wert
END PROC f;

PROC sekante (REAL VAR x1, x2, eps):
  REAL VAR xli :: x1, xre :: x2;
  REPEAT
      berechne naechsten naeherungswert;
      ueberschreibe die alten grenzen;
      gib die neuen intervallgrenzen aus
```

```
UNTIL fehlergrenze unterschritten
END REPEAT;
gib nullstelle aus.

berechne naechsten naeherungswert:
  x2 := xre - f(p,xre) * (xli - xre)/
        (f(p,xli) - f(p,xre)).

ueberschreibe die alten grenzen:
  xli := xre;
  xre := x2.

gib die neuen intervallgrenzen aus:
  put (xli);
  put (xre);
  line.

fehlergrenze unterschritten:
  abs (xli - xre) < 2.0 * eps.

gib  nullstelle aus:
  put (xre);
  put ("ist ein Naeherungswert fuer die gesuchte Nullstelle!").

END PROC sekante;

definiere das polynom;
hole startwerte;
fuehre sekantenverfahren durch.

hole startwerte:
  REAL VAR xli, xre, eps;
  put ("Linke Grenze?");
  get (xli);
  put ("Rechte Grenze?");
  get (xre);
  put ("Fehlerschranke?");
  get (eps).

fuehre sekantenverfahren durch:
  sekante (xli, xre, eps).
```

Im Gegensatz zur wertliefernden Prozedur 'halbiere' im Abschnitt "Intervallhalbierung" handelt es sich bei der Prozedur 'sekante' um eine Aktionsprozedur. Auch ihr werden Parameter übergeben, sie liefert aber keinen Wert nach außen, sondern schreibt innerhalb der Prozedur die berechneten Werte auf den Bildschirm oder in eine Ausgabedatei, sofern diese eingerichtet wurde.

In der Prozedur 'sekante' werden die Hilfsvariablen 'xre' und 'xli' eingeführt. In der UNTIL – Schleife wird dann der erste Näherungswert 'x2' berechnet. Im nächsten Schritt wird 'xli' durch 'xre' und 'xre' durch den ersten Näherungswert überschrieben und es werden neue Intervallgrenzen ausgegeben. Dieser Vorgang wird wiederholt, bis durch zwei Werte das Abbruchkriterium erfüllt ist.

Soll die Prozedur einen Wert nach außen geben, z.B. wenn die Nullstelle für andere Berechnungen noch benötigt wird, so muß die Parameterliste durch den Parameter 'ergebnis' erweitert werden. Im Hauptprogramm muß die Variable dann deklariert werden, benötigt jedoch keine Wertzuweisung; diese kann innerhalb der Prozedur geschehen. Außerhalb der Prozedur könne wir z.B. durch die Anweisung 'put(ergebnis)' die näherungsweise ermittelte Nullstelle noch einmal ausgeben.

– in BASIC:

```
 10: REM SEKANTE
 20: DIM P(8)
 30: INPUT "GRAD?",N
 40: FOR I=N TO 0 STEP -1
 50:    PAUSE I; "-TER KOEFFIZIENT?"
 60:    INPUT P(I):
     NEXT I
 70: INPUT "LINKE GRENZE?", L
 80: INPUT "RECHTE GRENZE?", R
 90: INPUT "ABBRUCH?", E
100: X=L: GOSUB "FUNKTION": FL=F
110: X=R: GOSUB "FUNKTION": FR=F
120: Y=L-FL*(R-L)/(FR-FL)
130: IF ABS (L-R)<E THEN 150
140: L=R: R=Y: GOTO100
150: PAUSE "NULLSTELLE": PRINT Y
160: GOTO 30

200: "FUNKTION"
210: F=P(N)
220: FOR I=N-1 TO 0 STEP -1
230: F=F*X+P(I): NEXT I
240: RETURN
```

Mit $f(x) = x^3 + 3x - 1$, dem Startwert 1 und der Genauigkeit 10^{-5} erhalten wir die folgenden Intervalle:

```
        [1 ; 0.25]
      [0.25 ; 3.043478e-1]
 [3.043478e-1 ; 3.225346e-1]
 [3.225346e-1 ; 3.221836e-1]
 [3.221836e-1 ; 3.221854e-1]
```

3.221854e-1 ist ein Näherungswert für die
gesuchte Nullstelle

Bei unserer Vorgehensweise haben wir zuerst eine Sekante durch $P_0(x_0;f(x_0))$ und $P_1(x_1;f(x_1))$ betrachtet und dann die analoge Rechnung einfach mit $P_1(x_1;f(x_1))$ und $P_2(x_2;f(x_2))$ wiederholt. Unser Beispiel zeigt, daß das Verfahren schneller zum Ziel führt als z.B. das Halbierungsverfahren. Das Verfahren hat jedoch auch Nachteile. So ist z.B. der Rechenaufwand pro Schritt größer; die zur Unterschreitung einer bestimmten Fehlergrenze notwendigen Schritte können wir nicht vorhersagen. Auch kann es passieren, daß wir das Sekantenverfahren nicht fortsetzen können, wenn nämlich z.B.

$$f(x_{n-1}) = f(x_{n-2}).$$

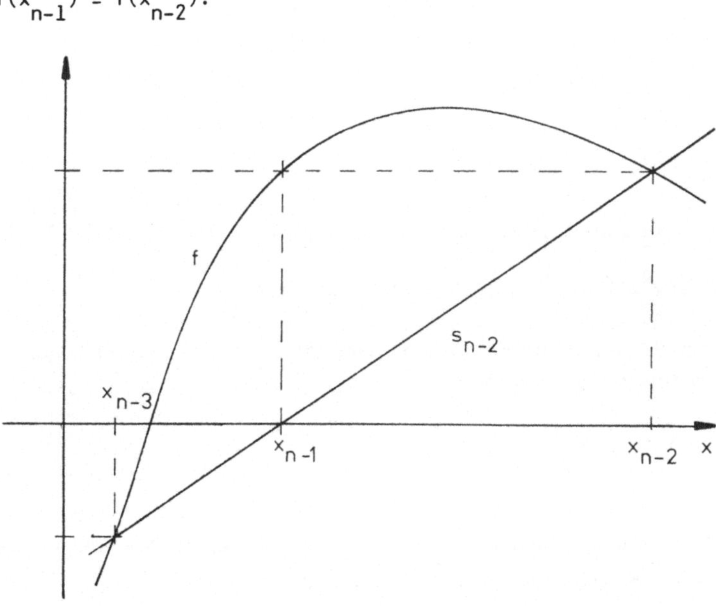

Abb. 1.4

Betrachten wir die Zeichnung, so drängt sich sofort die folgende Frage auf:
Wäre es nicht besser, die Sekante s_{n-2} durch $P_{n-1}(x_{n-1}; f(x_{n-1}))$ und

$P_{n-3}(x_{n-3}; f(x_{n-3}))$ zu legen?

Dies würde bedeuten, daß wir nach der Bestimmung des Schnittpunktes der Sekante mit der x – Achse die neue Sekante durch die Punkte mit unterschiedlichen Vorzeichen in den Funktionswerten legen.

Dann haben wir aber dasselbe Verfahren wie bei der Nullstellenbestimmung mit Hilfe des Teilungsverfahrens unter Berücksichtigung der Vorzeichen der Funktionswerte an den Grenzen des Intervalls (vgl. S. 31). Der gewichtete Teilungspunkt (1.3) ist nämlich identisch mit dem Schnittpunkt der Sekante (1.4):

Gewichteter Teilungspunkt für das Intervall [a,b] ist

$$x_1 = \frac{a \cdot f(b) - b \cdot f(a)}{f(b) - f(a)}$$

Schnittpunkt der Sekante durch (a;f(a)) und (b;f(b)) mit der x – Achse ist

$$x_1 = a - f(a) \frac{b - a}{f(b) - f(a)}$$

$$= \frac{a \cdot f(b) - a \cdot f(a) - b \cdot f(a) + a \cdot f(a)}{f(b) - f(a)}$$

$$= \frac{a \cdot f(b) - b \cdot f(a)}{f(b) - f(a)} \, .$$

Übungen:

1. Bestimmen Sie mit Hilfe des Sekantenverfahrens die Nullstellen der Funktion

$$f(x) = x^4 - 2.05x^3 + 2.0275x - 1.4x + 0.375$$

2. Bestimmen Sie mit Hilfe des Sekantenverfahrens die in $[-1;1]$ liegenden Nullstellen der folgenden Funktionen:

   a) $f(x) = x^2 + \ln x$

   b) $f(x) = \sqrt{x} - e^{-x}$

3. Wie dick ist eine symmetrische Bikonvexlinse vom Inhalt $V = 200\,cm^3$, wenn die begrenzenden Kugelflächen den Radius 3m haben?

1.1.4 Interpolation

An zwei Aufgaben wollen wir erläutern, bei welcher Art von Problemstellungen

Interpolationsverfahren eine Rolle spielen:

1. Beispiel:

Bei einem Fahrbahnversuch werden die folgenden Zeiten und zurückgelegten Wegstrecken gemessen.

t in sec	1	2	4	5
s in m	3	6	16	20

Welchen Weg hat der Wagen nach 3 sec zurückgelegt?

Die vier Wertepaare (t,s) sind durch eine Funktion f gegeben, deren Funktionswert an einer Zwischenstelle gesucht ist. Da wir über die Funktion f nicht verfügen können, suchen wir eine einfache Funktionen – genannt Interpolationsfunktion –, die die gegebenen Wertepaare durchläuft und die wir für t = 3 auswerten.

2. Beispiel:

Gegeben sei die Funktion

$$f(x) = (x^3 - x)\, e^{x-2} + \sin\left(\frac{\pi}{2} x\right) + 2,$$

deren Funktionswerte für eine übergeordnete Fragestellung benötigt werden. Der Aufwand für die Berechnungen ist recht groß.

Der Graph enthält die Punkte

$$(-1;1),\ (0;2),\ (1;3),\ (2;8).$$

Es liegt nun nahe, diese Punkte durch eine einfachere Funktion zu interpolieren und für die gesuchten Funktionswerte die Werte der Interpolationsfunktion an den entsprechenden Stellen zu verwenden.

In beiden Beispielen sind $n + 1$ Wertepaare $(x_i; y_i)$ $(0 \leq i \leq n)$ mit $x_i \neq x_j$ für $i \neq j$ gegeben, und es ist eine Funktion f gesucht, die diese Punkte enthält. Im einfachsten Fall legen wir durch zwei benachbarte Punkte $(x_i; y_i)$ und $(x_{i+1}; y_{i+1})$ eine Gerade und erhalten somit für einen x – Wert zwischen x_i und x_{i+1}, x, einen Interpolationswert:

$$\frac{y - y_i}{x - x_i} = \frac{y_{i+1} - y_i}{x_{i+1} - x_i}$$

$$y - y_i = \frac{y_{i+1} - y_i}{x_{i+1} - x_i} (x - x_i)$$

$$y = y_i + \frac{y_{i+1} - y_i}{x_{i+1} - x_i} (x - x_i)$$

$$f(\overline{x}) = y_i + \frac{y_{i+1} - y_i}{x_{i+1} - x_i} (\overline{x} - x_i)$$

Es handelt sich hierbei um eine lineare Interpolation.

In der Regel ist es aber zweckmäßiger, mehrere Stellen für die Interpolationsfunktion zu betrachten.

Ganz allgemein können wir eine Interpolationsfunktion für $x \in [a,b]$ als Linearkombination von Funktionen bilden, die in $[a,b]$ linear unabhängig sind.

Typische Funktionenklassen, die abhängig von der Problemstellung verwendet werden, sind

- die Potenzfunktionen: $\qquad 1, x, x^2, x^3, \ldots$

- die trigonometrischen Funktionen:

$$1, \cos x, \sin x, \cos 2x, \sin 2x, \ldots$$

- die Exponentialfunktionen. $1, e^x, e^{2x}, \ldots$

und andere.

Wir wollen im Folgenden die Interpolation durch Polynome betrachten, da diese sich wiederum gut für numerische Differentiation und Integration eignen.

Gesucht ist ein Polynom

$$p(x) = a_0 + a_1 x + a_2 x^2 + \ldots + a_n x^n \, ,$$

das bei $n + 1$ gegebenen Stützpunkten $(x_i; y_i)$ genau diese Wertepaare enthält.

Um die Koeffizienten zu bestimmen, setzen wir der Reihe nach die gegebenen Wertepaare ein und erhalten ein lineares Gleichungssystem mit $n + 1$ Gleichungen und $n + 1$ Variablen:

$$y_0 = a_0 + a_1 x_0 + a_2 x_0^2 + \ldots + a_n x_0^n$$

$$y_1 = a_0 + a_1 x_1 + a_2 x_1^2 + \ldots + a_n x_1^n$$

$$\vdots$$

$$y_n = a_0 + a_1 x_n + a_2 x^2 + \ldots + a_n x_n^n$$

Dieses Gleichungssystem ist regulär (Vandermond – Matrix vgl. [10], S. 24) und läßt sich durch die bekannten Verfahren lösen. Wir erhalten die Koeffizienten $a_0, \ldots, a_n$.
Da dieser Weg rechenaufwendig ist, werden wir uns zwei andere Verfahren ansehen, das Lagrange – und das Newton – Verfahren.
Beginnen wir mit dem Lagrange – Verfahren.
Wir konstruieren ganzrationale Funktion $L_i(x)$ vom Grade n, für die gilt

$$L_i(x_i) = 1 \quad \text{und für } i \neq j \quad L_i(x_j) = 0. \tag{1.5}$$

Aus diesen Funktionen bilden wir ein Interpolationspolynom

$$p(x) = y_0 L_0(x) + y_1 L_1(x) + \ldots + y_n L_n(x) \tag{1.6}$$

das unsere Forderungen erfüllt. Es gilt nämlich für alle $i \in \{0, \ldots, n\}$:

$$p(x_i) = y_0 L_0(x_i) + \ldots + y_i L_i(x_i) + \ldots + y_n L_n(x_i)$$

$$= y_0 \cdot 0 + \ldots + y_i \cdot 1 + \ldots + y_n \cdot 0 = y_i \, .$$

Wie sehen nun aber die Terme für $L_i(x)$ aus?
Wir wollen die Konstruktion ausführlich für $L_0(x)$ beschreiben.
Die Funktion hat die Nullstellen x_1, x_2, ..., x_n, also den Funktionsterm

$$k \cdot (x - x_1) \cdot (x - x_2) \cdot \ldots \cdot (x - x_n)$$

Da $L_0(x_0) = 1$, folgt

$$1 = k \cdot (x_0 - x_1) \cdot (x_0 - x_2) \cdot \ldots \cdot (x_0 - x_n)$$

und somit

$$k = \frac{1}{(x_0 - x_1) \cdot (x_0 - x_2) \cdot \ldots \cdot (x_0 - x_n)} \, .$$

Der Term für $L_0(x)$ lautet

$$L_0(x) = \frac{(x - x_1)\ldots(x - x_{i-1})\ (x - x_{i+1})\ldots(x - x_n)}{(x_i - x_1)\ldots(x_i - x_{i-1})\ (x_i - x_{i+1})\ldots(x_i - x_n)}$$

$$= \prod_{\substack{k=0 \\ k \neq i}}^{n} \frac{x - x_k}{x_i - x_k} \qquad\qquad (1.7)$$

Man erkennt unmittelbar, daß die Funktion $L_0(x)$ die Bedingungen (1.5) erfüllt und den Grad n hat.

Bilden wir die Linearkombination aus allen Funktionen L_i gemäß (1.6), so sieht man, daß $p(x)$ höchstens den Grad n hat.

Wir haben also ein Interpolationspolynom gefunden, das alle gegebenen $n+1$ Wertepaare enthält und höchstens den Grad n hat.

Ist die Lösung auch eindeutig?

Nehmen wir an, es gäbe zwei Lösungspolynome, p_1 und p_2, des Interpolationsproblems. Wir bilden die Differenz $p_1 - p_2$. Es ergibt sich wiederum eine ganzrationale Funktion vom Grade kleiner oder gleich n. Für jede Stützstelle x_i gilt

$$p_1(x_i) = p_2(x_i) = y_i.$$

Die Differenzfunktion hat also an jeder Stützstelle x_i den Wert Null und somit $n+1$ Nullstellen. Das ist aber nur möglich, wenn der Funktionsterm der Differenzfunktion das Nullpolynom ist, d.h. p_1 und p_2 überall übereinstimmen.

Bleibt noch die Frage nach dem Fehler, der bei dieser Art von Interpolation entsteht. Der folgende Satz gibt hier eine Abschätzung:

Sei f eine für $x \in [a,b]$ definierte Funktion, die $(n+1)$mal differenzierbar ist. Dann gibt es zu jedem $x \in [a,b]$ ein $\bar{x} \in [a,b]$ mit

$$f(x) - p(x) = \frac{1}{(n+1)!}\, f^{(n+1)}(\bar{x})(x - x_0)(x - x_1)\ldots(x - x_n)\ .$$

Daraus folgt die Abschätzung

$$|f(x) - p(x)| \leq \frac{1}{(n+1)!}\, |(x - x_0)\ldots(x - x_n)|\ \sup_{t \in [a,b]} f^{(n+1)}(t)$$

Der Beweis ist nicht schwierig und kann z.B. bei [8], S.43 nachgelesen werden.

Kommen wir zu unseren Beispielen zurück:

1. Beispiel:

Zur direkten Bestimmung des Interpolationspolynoms

$$p(x) = a_3 x^3 + a_2 x^2 + a_1 x + a_0$$

muß das Gleichungssystem

$$3 = a_3 + a_2 + a_1 + a_0$$

$$6 = 8a_3 + 4a_2 + 2a_1 + a_0$$

$$16 = 64a_3 + 16a_2 + 4a_1 + a_0$$

$$20 = 125a_3 + 25a_2 + 5a_1 + a_0$$

gelöst werden.

Mit Hilfe der Lagrangeschen Interpolationsformel (1.6) und (1.7) erhalten wir

$$p(x) = 3 \cdot L_0(x) + 6 \cdot L_1(x) + 16 \cdot L_2(x) + 20 \cdot L_3(x)$$

mit

$$L_0(x) = \frac{(x-2)\,(x-4)\,(x-5)}{(1-2)\,(1-4)\,(1-5)} = \frac{x^3 - 11x^2 + 38x - 40}{-12}$$

$$L_1(x) = \frac{(x-1)\,(x-4)\,(x-5)}{(2-1)\,(2-4)\,(2-5)} = \frac{x^3 - 10x^2 + 29x - 20}{6}$$

$$L_2(x) = \frac{(x-1)\,(x-2)\,(x-5)}{(4-1)\,(4-2)\,(4-5)} = \frac{x^3 - 8x^2 - 17x - 10}{-6}$$

$$L_3(x) = \frac{(x-1)\,(x-2)\,(x-4)}{(5-1)\,(5-2)\,(5-4)} = \frac{x^3 - 7x^2 + 14x - 8}{12}$$

also

$$p(x) = -\frac{1}{4} x^3 + \frac{29}{12} x^2 - \frac{5}{2} x + \frac{10}{3}$$

Nach 3 Sekunden hat der Wagen 10.83 m zurückgelegt.

2. Beispiel:

Die angegebenen Stützpunkte werden durch das Polynom

$$p(x) = \frac{2}{3} x^3 + \frac{1}{3} x + 2$$

interpoliert. Für $x = 0.5$ erhalten wir $p(0.5) = 2.25$ als Näherungswert für den Funktionswert $f(0.5) = 2.62$. Der absolute Fehler beträgt 0.37. Die Fehlerabschätzung ist bei vier Stützstellen noch sehr grob und liefert eine obere Grenze von 3.6. Um die Lagrange – Formel (1.6) programmieren zu können, müssen wir uns überlegen, wie wir die $n + 1$ Koeffizienten a_i des Polynoms

$$(x - x_1) \cdot (x - x_2) \cdot \ldots \cdot (x - x_n)$$

bestimmen können. Es ergibt sich für

$$n=1: \quad x - x_1$$

$$n=2: \quad (x-x_1)(x-x_2) = x^2 - (x_1 + x_2)x + x_1 x_2$$

$$n=3: \quad (x-x_1)(x-x_2)(x-x_3)$$

$$= x^3 - (x_1 + x_2 + x_3)x^2 + (x_1 x_2 + x_1 x_3 + x_2 x_3)x + x_1 x_2 x_3$$

Die Berechnungen können wir dann durch das folgende Schema beschreiben:

n	x_n	a_n	a_{n-1}	a_{n-2}	a_{n-3}
1	x_1	1	$-x_1$		
2	x_2	1	$-(x_1 + x_2)$	$x_1 x_2$	
3	x_3	1	$-(x_1 + x_2 + x_3)$	$x_1 x_2 + x_1 x_3 + x_2 x_3$	$x_1 x_2 x_3$

Wir erhalten jeweils ein Element des Dreiecksschemas, indem wir das Element direkt über dem zu berechnenden addieren zu dem Produkt aus dem für die Zeile zuständigen negativen x – Wert und dem Element, das in der Diagonalen links über dem zu berechnenden Element steht. Z.B. erhalten wir in Zeile 3 ($n = 3$), Spalte 3 das Element

$$x_1 x_2 + x_1 x_3 + x_2 x_3$$

durch Addition des Wertes in Zeile 2, Spalte 3, $x_1 x_2$ zu dem Produkt aus $(-x_3)$ mit dem Wert in Zeile 2, Spalte 2, $-(x_1 + x_2)$. Die letzte Zeile des Schemas gibt für n x – Werte die Koeffizienten des Polynoms an, das aus dem Produkt der Linearfaktoren $(x - x_i)$ $(1 < i < n)$ gebildet wird.

Programm zur Interpolation mit dem Lagrange – Verfahren

– in ELAN:

```
PROC lagrange (INT CONST i):
  uebertrage die stuetzstellen;
  erstelle das schema;
  normiere das polynom;
  notiere die koeffizienten.

  uebertrage die stuetzstellen:
    ROW 9 REAL VAR stellen;
    INT VAR zeile, spalte;
    FOR zeile FROM 1 UPTO n-1
    REPEAT
      IF zeile < i
        THEN
          stellen [zeile] := stuetzstellen [zeile]
        ELSE
          stellen [zeile] := stuetzstellen [zeile+1]
      FI
    END REPEAT.

  erstelle das schema:
    ROW 9 ROW 9 REAL VAR schema;
    schreibe die erste zeile;
    FOR zeile FROM 2 UPTO n-1
    REPEAT
      berechne das erste element der zeile;
      berechne weitere elemente der zeile
    END REPEAT.

  schreibe die erste zeile:
    schema [1][1] := - stellen [1].

  berechne das erste element der zeile:
    schema [zeile][1] := schema [zeile-1][1]
                    - stellen [zeile].
```

```
    berechne weitere elemente der zeile:
      FOR spalte FROM 2 UPTO zeile-1
      REPEAT
        schema [zeile][spalte] :=
        schema [zeile-1][spalte] - stellen [zeile] *
        schema [zeile-1][spalte-1]
      END REPEAT;
      schema [zeile][zeile] := - stellen [zeile] *
      schema [zeile-1][zeile-1].

    normiere das polynom:
      REAL VAR d :: 1.0;
      FOR spalte FROM 1 UPTO n-1
      REPEAT
        d := d * stuetzstellen [i] + schema [n-1][spalte]
      END REPEAT;
      FOR spalte FROM 1 UPTO n-1
      REPEAT
        schema [n-1][spalte] := schema [n-1][spalte]/d
      END REPEAT.

    notiere die koeffizienten:
      a [i][1] := 1.0/d;
      FOR spalte FROM 2 UPTO n
      REPEAT
        a [i][spalte] := schema [n-1][spalte-1]
      END REPEAT.

END PROC lagrange;

hole die stuetzstellen;
line;
berechne lagrange polynome;
TEXT VAR antwort;
REPEAT
  hole stuetzwerte;
  berechne koeffizientenmatrix;
  gib das loesungspolynom aus;
  berechne funtkionswerte;
  put ("Neue Steutzwerte? j/n");
  get (antwort)
UNTIL antwort = "n"
END REPEAT.

hole die stuetzstellen:
  INT VAR i, n;
  ROW 10 REAL VAR stuetzstellen;
```

```
  put ("Wie viele Stuetzstellen?");
  get (n);
  FOR i FROM 1 UPTO n
  REPEAT
    put (i);
    put (".te Stuetzstelle?");
    get (stuetzstellen [i])
  END REPEAT.

berechne lagrange polynome:
  ROW 10 ROW 10 REAL VAR a;
  FOR i FROM 1 UPTO n
  REPEAT
    lagrange (i)
  END REPEAT.

hole stuetzwerte:
  ROW 10 REAL VAR stuetzwerte;
  FOR i FROM 1 UPTO n
  REPEAT
    put (i);
    put (".ter Stuetzwert?");
  . get (stuetzwerte [i])
  END REPEAT.

berechne koeffizientenmatrix:
ROW 10 ROW 10 REAL VAR b;
INT VAR zeile, spalte;
FOR zeile FROM 1 UPTO n
REPEAT
  FOR spalte FROM 1 UPTO n
  REPEAT
    b [zeile][spalte] := stuetzwerte [zeile]
                         * a [zeile][spalte]
  END REPEAT;
END REPEAT.

gib das loesungspolynom aus:
  ROW 10 REAL VAR koeff;
  FOR spalte FROM 1 UPTO n
  REPEAT
    REAL VAR summe :: b [1][spalte];
      FOR zeile FROM 2 UPTO n
      REPEAT
        summe := summe + b [zeile][spalte]
      END REPEAT ;
      koeff [spalte] := summe
```

```
    END REPEAT;
    FOR i FROM 1 UPTO n
    REPEAT
      put (n-i);
      put (".ter Koeffizient:");
      put (koeff [i]);
      line
    END REPEAT.


berechne den wert:
  put ("An welcher Stelle soll der Wert berechnet
        werden?");
  REAL VAR x;
  get (x);
  REAL VAR wert :: koeff [1];
  FOR i FROM 2 UPTO n
  REPEAT
    wert := wert * x + koeff [i]
  END REPEAT;
  put ("Der Wert an der Stelle x =");
  put (x);
  put ("ist");
  put (wert);
  line.


berechne funktionswerte:
  REPEAT
    put ("Soll der Wert des Polynoms an einer Stelle berechnet wer-
          den?");
    get (antwort);
    IF antwort = "j"
      THEN
        berechne den wert
      ELSE
        LEAVE berechne funktionswerte
    FI
  END REPEAT.
```

In dem Programm werden mit Hilfe der Prozedur 'lagrange' zuerst der Reihe nach die Zähler der Lagrange – Polynome L_i berechnet und diese dann durch den Wert des Zählerpolynoms an der betreffenden Nullstelle x_i dividiert, damit der Wert des Lagrange – Polynoms L_i an der Stelle x_i auf 1 normiert ist. Die Koeffizienten der Lagrange – Polynome werden in einer Matrix a gespeichert. Erst anschließend wird nach den y – Koordinaten der Stützpunkte gefragt. Die Elemente der Matrix a werden zeilenweise entsprechend (1.6) mit den Werten y_i multipliziert und alle Koeffizienten in einer weiteren Matrix b festgehalten. So ist es möglich, ohne eine erneute Berechnung der Lagrange – Polynome, z.B. bei physikalischen Experimenten mit gleichen Stützstellen, nach jedem Versuch die neuen y – Werte einzugeben. Zum Schluß ergeben die Elemente der Matrix b spaltenweise addiert die Koeffizienten des Lösungspolynoms. Benötigen wir den Wert des Lösungspolynoms an einer Stelle x, so können wir diesen mit dem Horner – Schema berechnen.

– in BASIC:

```
 10: "L": N=8: DIM X(N):K(N,N)
 20: FOR I=0 TO N PRINT "KNOTEN NR.";I: INPUT X(I):
     K(I,0)=1: NEXT I
 30: FOR K=0 TO N:
       FOR I=0 TO N:
         FOR J=K+(K<N) TO 1 STEP -1
 40:       K(I,J)=K(I,J)-(X(K)<>X(I))*X(K)*K(I,J-1)
 50:       NEXT J:
       NEXT I:
     NEXT K
 60: FOR I=0 TO N: T=X(I)+K(I,1)
 70:   FOR J=2 TO N: T=T*X(I)+K(I,J):
       NEXT J
 80:   FOR J=0 TO N: K(I,J)= K(I,J)/T:
       NEXT J
     NEXT I
 90: PRINT STR$ (N+1)+"DATEN:":
     FOR I=0 TO N: INPUT X(I):
     NEXT I
100: PRINT "KOEFFIZIENTEN:"
110: FOR I=0 TO N:T=0:
       FOR J=0 TO N: T=T+K(I,J)*X(J):
       NEXT J:
       PRINT STR$ (I)+": ";T:
     NEXT I
```

Für einen Probelauf wählen wir die Stützpunkte

$$(-2;0), \ (-1;-1), \ (0;0), \ (1;1), \ (2;0).$$

Wir erhalten als Ergebnis die folgenden Koeffizienten und den angegebenen Funktionswert:

```
4 -ter Koeffizient: 0.0
3 -ter Koeffizient: -3.333333e-1
2 -ter Koeffizient: 0.0
1 -ter Koeffizient: 1.333333
0 -ter Koeffizient: 0.0

Der Wert an der Stelle x = .5 ist .625.
```

Wählen wir bei einer Wiederholung die Stützwerte $-1, 0, 1, 0, -1$, so erhalten wir die Koeffizienten und den angegebenen Funktionswert:

```
4 -ter Koeffizient: 1.666667e-1
3 -ter Koeffizient: 0.0
2 -ter Koeffizient: -1.166667
1 -ter Koeffizient: 0.0
0 -ter Koeffizient: 1.

Der Wert an der Stelle x = .5 ist .71875.
```

Das Interpolationsverfahren nach Lagrange hat einen großen Nachteil. Wollen wir zur Verbesserung unserer Interpolationsfunktion noch einen Meßwert hinzunehmen, so müssen wir alle Lagrangepolynome neu berechnen, d.h. im Prinzip das Programm noch einmal laufen lassen.

Mit Hilfe der Interpolationsformel von Newton können wir hier Abhilfe schaffen.

Bei $n + 1$ Stützpunkten $(x_i; y_i)$ $(0 \le i \le n)$ sei

$$p(x) = a_0 + a_1(x-x_0) + a_2(x-x_0)(x-x_1) + \ldots$$
$$+ a_n(x-x_0) \ldots (x-x_{n-1}) \qquad (1.8)$$

die Interpolationsfunktion.

Die $n + 1$ Koeffizienten lassen sich mit dem folgenden Gleichungssystem bestimmen:

$$y_0 = a_0$$

$$y_1 = a_0 + a_1(x_1 - x_0)$$

$$y_2 = a_0 + a_1(x_2 - x_0) + a_2(x_2 - x_0)(x_2 - x_1)$$

$$\vdots$$

$$y_n = a_0 + a_1(x_n - x_0) + a_2(x_n - x_0)(x_n - x_1) + \ldots$$
$$+ a_n(x_n - x_0) \ldots (x_n - x_{n-1})$$

Rekursiv können wir die Lösungen bestimmen:

$$a_0 = y_0$$

$$a_1 = \frac{y_1 - a_0}{x_1 - x_0} \tag{1.9}$$

$$a_2 = \frac{\dfrac{y_2 - a_0}{x_2 - x_0} - a_1}{x_2 - x_1}$$

$$\vdots$$

Wegen der oben bewiesenen Eindeutigkeit ist (1.8) mit den Koeffizienten (1.9) ein anderer Term für dasselbe Interpolationspolynom.

Für unser erstes Beispiel mit den Stützpunkten

$$(1;3),\ (2;6),\ (4;16)\ \text{und}\ (5;20)$$

ergeben sich :

$$a_0 = 3$$

$$a_1 = \frac{6 - 3}{2 - 1} = 3$$

$$a_2 = \frac{2}{3}$$

$$a_3 = -\frac{1}{4}\ .$$

Somit ist

$$p(x) = 3 + 3(x-1) + \frac{2}{3}(x-1)(x-2) - \frac{1}{4}(x-1)(x-2)(x-4)$$

$$= -\frac{1}{4}x^3 + \frac{29}{12}x^2 - \frac{5}{2}x + \frac{10}{3}\ .$$

Nehmen wir einen weiterem Punkt hinzu, $(x_{n+1}; y_{n+1})$, so hat das neue Polynom die Form

$$p^*(x) = p(x) + a_{n+1}(x_{n+1} - x_0) \cdots (x_{n+1} - x_n).$$

Den Koeffizienten a_{n+1} erhalten wir aus der Gleichung

$$y_{n+1} = p(x_{n+1}) + a_{n+1}(x_{n+1} - x_0) \cdots (x_{n+1} - x_n).$$

Sei in unserem Beispiel der nächste Meßwert (6;26). Wir erhalten

$$26 = p(6) + 40 \cdot a_{n+1}$$

und somit

$$a_{n+1} = \frac{7}{60}.$$

Ein Programm zur Bestimmung der Koeffizienten der Newtonschen Interpolationsformel ließe sich selbstverständlich unter Verwendung der Rekursionsformel (1.9) erstellen.

Mit Hilfe einiger Umformungen erhalten wir jedoch ein günstigeres Berechnungsschema. Formen wir z.B. den Term für a_2 um:

$$a_2 = \frac{\dfrac{y_2 - a_0}{x_2 - x_0} - a_1}{x_2 - x_1}$$

$$= \frac{y_2 - y_1 + y_1 - a_0 - a_1(x_2 - x_0)}{(x_2 - x_1)(x_2 - x_0)}$$

$$= \frac{\dfrac{y_2 - y_1}{x_2 - x_1}(x_2 - x_1) + \dfrac{y_1 - a_0}{x_1 - x_0}(x_1 - x_0) - a_1(x_2 - x_0)}{(x_2 - x_1)(x_2 - x_0)}.$$

Mit

$$a_0 = y_0 \quad \text{und} \quad a_1 = \frac{y_1 - y_0}{x_1 - x_0}$$

folgt

$$a_2 = \frac{\dfrac{y_2 - y_1}{x_2 - x_1} - \dfrac{y_1 - y_0}{x_1 - x_0}}{x_2 - x_0}$$

Im Zähler haben wir die Differenzen der Steigungen zwischen den Punkten $(x_1;y_1)$ und $(x_2;y_2)$ bzw. $(x_0;y_0)$ und $(x_1;y_1)$.

Mit der Einführung der Bezeichnungen

$$b_{0,1} = \frac{y_1 - y_0}{x_1 - x_0} \quad \text{und} \quad b_{1,2} = \frac{y_2 - y_1}{x_2 - x_0}$$

erhalten wir

$$a_2 = \frac{b_{1,2} - b_{0,1}}{x_2 - x_0} := b_{0,1,2}.$$

Entsprechend erhalten wir

$$a_3 = \frac{b_{1,2,3} - b_{0,1,2}}{x_3 - x_0} \, ,$$

wie sich leicht nachrechnen läßt. Allgemein gilt

$$a_k = b_{i,\ldots,k} = \frac{b_{i+1,\ldots,k} - b_{i,\ldots,k-1}}{x_k - x_i}$$

Übertragen wir die bisherigen Überlegungen in ein Dreiecksschema, so ergibt sich

x_0	y_0			
x_1	y_1	$\dfrac{y_1 - y_0}{x_1 - x_0} = b_{0,1}$		(1.10)
x_2	y_2	$\dfrac{y_2 - y_1}{x_2 - x_1} = b_{1,2}$	$\dfrac{b_{1,2} - b_{0,1}}{x_2 - x_0} = b_{0,1,2}$	
x_3	y_3	$\dfrac{y_3 - y_2}{x_3 - x_2} = b_{2,3}$	$\dfrac{b_{2,3} - b_{1,2}}{x_3 - x_1} = b_{1,2,3}$	$\dfrac{b_{1,2,3} - b_{0,1,2}}{x_3 - x_0} = b_{0,1,2,3}$

In der Diagonalen finden wir die Koeffizienten der Newtonschen Interpolationsfunktion (1.9).

Wir wenden das Dreiecksschema auf unser zweites Beispiel an.

Stützpunkte sind $(-1;1)$, $(0;2)$, $(1;3)$

x	y	1.Steigung	2.Steigung
-1	1		
0	2	1	
1	3	1	0

$$p(x) = x + 2$$

ist die Gerade durch die drei gegebenen Punkte. Nehmen wir $(2;8)$ hinzu, so erhalten wir

x	y	1.Steigung	2.Steigung	3.Steigung
-1	1			
0	2	1		
1	3	1	0	
2	8	5	2	2/3

und damit das Interpolationspolynom

$$p(x) = \frac{2}{3} x^3 + \frac{1}{3} x + 2.$$

Wollen wir explizit im Programm das Interpolationspolynom bestimmen, so müssen
wir wie bei der Berechnung der Lagrange-Polynome die Koeffizienten der Produkte
der Linearfaktoren bestimmen.

Benötigen wir nur den Wert des Interpolationspolynoms an einer Stelle x, so können
wir die Berechnung analog zum Horner-Schema durchführen.

Gesucht ist für unser 2. Beispiel der Wert des Interpolationspolynoms an der Stelle
$x = 1.5$. Es gilt

$$p(x) = a_0 + a_1(x - x_0) + a_2(x - x_0)(x - x_1)$$

$$+ a_3(x - x_0)(x - x_1)(x - x_2)$$

$$= a_0 + (x - x_0)(a_1 + (x - x_1)(a_2 + (x - x_2)a_3))$$

und mit den im Schema (1.10) berechneten Koeffizienten

$$p(1.5) = \frac{19}{4}\,.$$

Programm zur Bestimmung des Interpoaltionspolynoms mit Hilfe der Newtonschen Interpolationsformel

– in ELAN:

```
REAL PROC steigung (INT CONST i, j):
  (schema [i][j-1] - schema [i-1][j-1])/
  (stelle [i] - stelle [i-j+1] )
END PROC steigung;

deklariere die notwendigen variablen;
hole stuetzpunkte;
FOR zeile FROM 2 UPTO n
REPEAT
  FOR spalte FROM 2 UPTO zeile
  REPEAT
    schema [zeile][spalte] := steigung (zeile,spalte);
    put (schema [zeile][spalte]);
  END REPEAT;
  line;
END REPEAT;
gib koeffizienten aus;
frage nach neuen stuetzpunkten.

deklariere die notwendigen variablen:
  ROW 10 REAL VAR stelle;
  ROW 10 ROW 10 REAL VAR schema;
  INT VAR zeile, spalte, n.

hole stuetzpunkte:
  put("Zahl der Stuetzpunkte?");
  get(n); INT VAR i;
  FOR i FROM 1 UPTO n
  REPEAT
    put (i);
    put ("-ter Stuetzpunkt? x-Koordinate:");
    get (stelle [i]);
    put ("y-Koordinate:");
    get (schema [i][1])
  END REPEAT.
```

```
gib koeffizienten aus:
  FOR i FROM 1 UPTO n
  REPEAT
    put (schema [i][i])
  END REPEAT.


frage nach neuen stuetzpunkten:
  REPEAT
    TEXT VAR wiederholung;
    line;
    put ("Noch einen Stuetzpunkt? j/n");
    get (wiederholung); IF wiederholung = "j"
      THEN ergaenze das schema;
           gib den neuen koeffizienten aus
      ELSE stop
    FI;
  END REPEAT.


ergaenze das schema:
  n INCR 1;
  put ("Gib die Koordinaten des neuen Stuetzpunktes ein:");
  get (stelle [n]);
  get (schema [n][1]);
  FOR spalte FROM 2 UPTO n
  REPEAT
    schema [n][spalte] := steigung (n,spalte);
    put (schema [n][spalte]);
    line;
  END REPEAT.


gib den neuen koeffizienten aus:
  put (schema [n][n]).
```

in BASIC:

```
10: REM INTERPOLATION NACH NEWTON
20: INPUT "ANZAHL DER STUETZPUNKTE?",N
30: DIM X(N+3), K(N+3,N+3)
40: FOR I=0 TO N-1
50:   PAUSE "STUETZPUNKT"; I: INPUT X(I): INPUT K(I,0):
    NEXT I
60: FOR I=1 TO N-1
70:   FOR J=1 TO I
80:     K(I,J)=(K(I,J-1)-K(I-1,J-1))/(X(I)-X(I-J))
90:   NEXT J
```

```
100: NEXT I
110: FOR I=0 TO N-1
120:   PRINT "A";I;":";K(I,I)
130: NEXT I
140: PAUSE "NOCH 1 STUETZPUNKT?": INPUT "J/N", B$
150: IF B$="N" THEN GOTO 40
160: INPUT X(N), K(N,0)
170: FOR J=1 TO N
180:   K(N,J)=(K(N,J-1)_K(N-1,J-1))/(X(N)-X(N-J)):
     NEXT J
190: PRINT "A";N;":";K(N,N)
200: N=N+1: GOTO 140
```

In den Programmen wird das Dreiecksschema (1.10) zeilenweise erstellt. In einer Schleife können weitere Stützpunkte bis zu einer Gesamtzahl von 10 hinzugefügt werden.

Handelt es sich bei den Stützstellen um äquidistante Stellen, so werden die Lagrange – Interpolationsformel (1.6),(1.7) und die Newton – Interpolationsformel (1.8),(1.9) entsprechend vereinfacht. (s.Übung). Es ergeben sich günstigere Berechnungen.

Übungen:

1. Verändern Sie die Formeln (1.6) und (1.7), bzw. (1.8) und (1.9) für den Fall, daß die Stützstellen äquidistant liegen.

2. Ergänzen Sie das Programm zur Interpolation mit Hilfe der Newton – Formel so, daß
   a) die Koeffizienten des Lösungspolynoms ausgegeben werden.
   b) der Funktionswert des Lösungspolynoms an einer Stelle x berechnet wird.

3. Ein Galvanometer wird als Widerstandsmesser mit 6 Eingangswiderständen geeicht.

R in	4.5	50	55	60	65	70
a in Skt.	0.2	13.4	24.2	33.7	42.5	49.9

Ermitteln Sie die Interpolationsfunktion, welche zu Galvanometerausschlägen zwischen 0 und 50 Skalenteilen die zugehörigen Widerstandswerte liefert.

4. Interpolieren Sie die folgende Tabelle und beurteilen Sie das Ergebnis für kleine n.

n	1	5	10	15	20
n!	1	120	3628800	1.307674E12	2.432902E18

1.1.5 Extrapolation nach Richardson

Häufig tritt in der Analysis das Problem auf, aus der Kenntnis einer Funktion in einem Intervall auf Werte außerhalb des Intervalls zu schließen.

Die Werte der Funktion f seien an den Stellen h_1, h_2, $h_3 \neq 0$ bekannt und $f(0)$ sei gesucht.

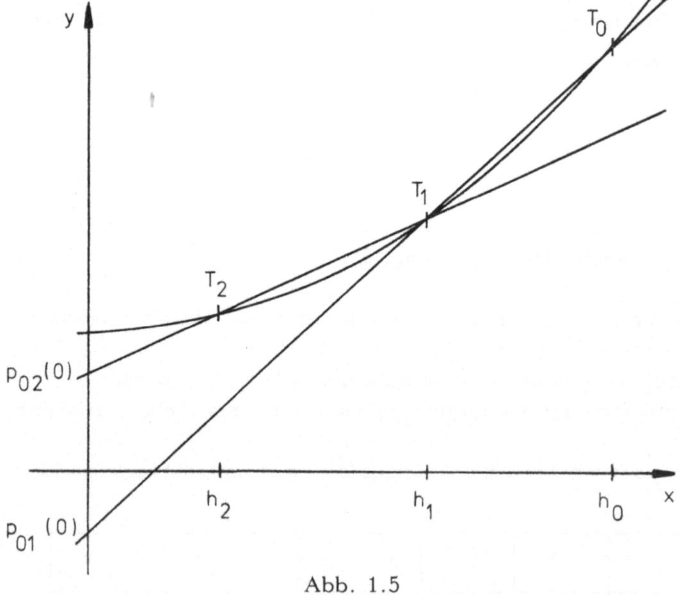

Abb. 1.5

Im einfachsten Fall können wir die Punkte T_0 und T_1 und die Punkte T_1 und T_2 durch je ein Polynom ersten Grades interpolieren: $p_{01}(h)$ und $p_{12}(h)$. Deren Werte für $h = 0$ lassen sich leicht bestimmen und können als Näherungswert für $f(0)$ verwendet werden. Je nach Verlauf des Graphen kann $p_{12}(0)$ bereits einen günstigeren Wert als $p_{01}(0)$ darstellen.

Die Zeichnung legt nun nahe, zur Verbesserung der Approximationsgüte die Punkte T_0, T_1, T_2 durch ein Polynom zweiten Grades, $p_{012}(h)$, zu interpolieren und den Wert $p_{012}(0)$ zu berechnen.

Diese Vorgehensweise ist recht aufwendig, da erst alle Koeffizienten des Polynoms p_{012} z.B. nach der Newtonformel (1.8), (1.9) zu bestimmen sind. Daher stellt sich die Frage, ob der Wert $p_{012}(0)$ sich nicht aus $p_{01}(0)$ und $p_{12}(0)$ berechnen läßt.

Eine Antwort gibt das Interpolationsverfahren von Neville und Aitken [10, S. 17]:

Interpoliert das Polynom $P_1(x)$ in den Werten $(x_i, f(x_i))$ für $i = 0, \ldots, k-1$ und das Polynom P_2 in den Werten $(x_i, f(x_i))$ für $i = 1, \ldots, k$, so ist das Polynom

$$P(x) = \frac{1}{x_0 - x_k} \left[(x - x_k)P_1(x) + (x_0 - x)P_2(x) \right] \qquad (1.11)$$

ein interpolierendes Polynom zu den Werten $(x_i, f(x_i))$ für $i = 0, \ldots, k$.

Die Aussage des Satzes läßt sich durch Einsetzen leicht verifizieren:

1. Fall: $x = x_i$; $i \in \{1, \ldots, k-1\}$

    Dann gilt:

$$P_1(x_i) = f_i \text{ und } P_2(x_i) = f_i.$$

    Daraus folgt:

$$P(x) = \frac{1}{x_0 - x_k} \left[(x_i - x_k)f_i + (x_0 - x_i)f_i \right]$$

$$= \frac{f_i}{x_0 - x_k} \left[x_i - x_k + x_0 - x_i \right] = f_i \;;$$

2. Fall: $x = x_0$ mit $P_1(x_0) = f_0$;

$$P(x_0) = \frac{1}{x_0 - x_k} \left[(x_0 - x_k)f_0 + 0 \right] = f_0;$$

3. Fall: $x = x_k$ mit $P_2(x_k) = f_k$;

$$P(x_k) = \frac{1}{x_0 - x_k} \left[0 + (x_0 - x_k)f_k \right] = f_k.$$

Wir wollen versuchen, uns für den Fall von drei gegebenen Stützpunkten das Verfahren geometrisch zu veranschaulichen.

$P_1(x)$ sei interpolierendes Polynom für x_0 und x_1, $P_2(x)$ für x_1 und x_2. Dann gilt nach obigem Satz, daß das Polynom

$$P(x) = \frac{1}{x_0 - x_2} \left[(x - x_2)P_1(x) + (x_0 - x)P_2(x) \right]$$

x_0, x_1 und x_2 interpoliert.

Wo liegen alle Punkte $(x^{*};y^{*})$, die diese Gleichung erfüllen?

In wenigen Schritten formen wir die Gleichung so um, daß die Zwei – Punkte – Form einer Geradengleichung entsteht:

$$P(x) = \frac{1}{x_0 - x_2} \left[(x-x_2)P_1(x) + (x_0 - x_2 + x_2 - x)P_2(x) \right]$$

$$P(x) = \frac{1}{x_0 - x_2} \left[(x-x_2)P_1(x) + (x_2 - x)P_2(x) \right] + P_2(x)$$

$$\frac{P(x) - P_2(x)}{x - x_2} = \frac{P_1(x) - P_2(x)}{x_0 - x_2}$$

Für unseren Punkt $(x^{*};y^{*})$ gilt, daß er auf der Geraden liegt, die durch die Punkte $(x_0;P_1(x^{*}))$ und $(x_2;P_2(x^{*}))$ verläuft.

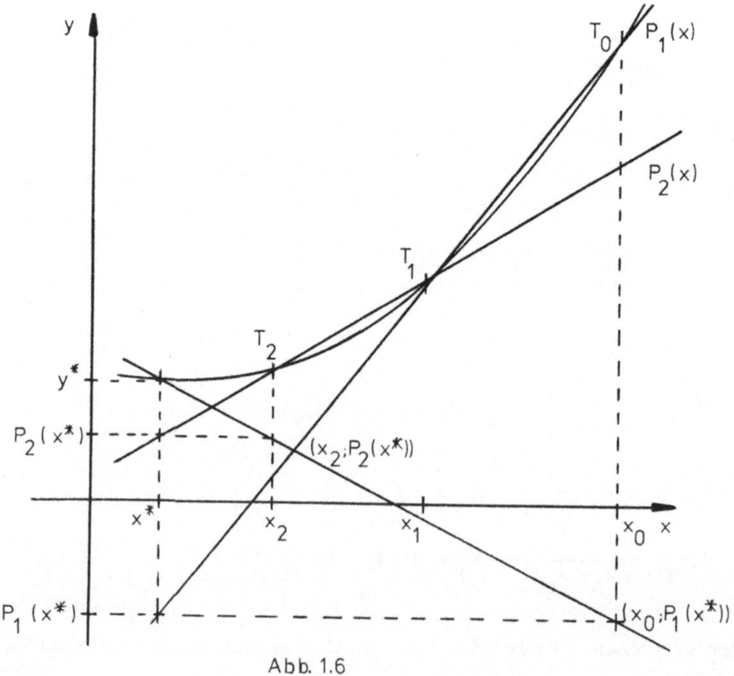

Abb. 1.6

Für unser Eingangsproblem mit drei Stützpunkten erhalten wir aus (1.11)

$$p_{012}(h) = \frac{1}{h_0 - h_2} \left[(h - h_2)p_{01}(h) + (h_0 - h)p_{12}(h) \right].$$

und mit $h = 0$ als Näherungswert für $f(0)$:

$$p_{012}(0) = \frac{1}{h_0 - h_2} \left(h_0\, p_{12}(0) - h_2\, p_{01}(0) \right)$$

Nehmen wir einen vierten Stützpunkt $T_3(h_3;f_3)$ hinzu, so erhalten wir den Wert des alle vier Stützpunkte interpolierenden Polynoms, $p_{0123}(h)$, an der Stelle 0 durch

$$p_{0123}(0) = \frac{1}{h_0 - h_3} \left[(h - h_3)p_{012}(h) + (h_0 - h)p_{123}(h) \right].$$

$p_{012}(0)$ und $p_{123}(0)$ lassen sich wiederum wie oben beschrieben aus $p_{01}(0)$, $p_{12}(0)$ und $p_{23}(0)$ berechnen.

Der Algorithmus läßt sich durch folgendes Schema darstellen:

$$
\begin{array}{llll}
y_0 & & & \\[1em]
y_1 & p_{01}(0) & & \\[1em]
y_2 & p_{12}(0) & p_{012}(0) & \\[1em]
y_3 & p_{23}(0) & p_{123}(0) & p_{0123}(0)
\end{array}
\qquad (1.12)
$$

Problemlos läßt sich das Verfahren auf n Stützstellen erweitern.

Der Wert rechts unten im Schema gibt den Wert des Interpolationspolynoms durch alle Stützpunkte an der Stelle 0 an.

Der besseren Übersicht wegen ist die folgende Bezeichnung für die Werte des Schemas üblich

$$b_{j,k} = p_{j-k,\ldots,j}(0).$$

Unter Verwendung des Satzes von Neville – Aitken erhalten wir mit Hilfe der neuen Bezeichung eine Rekursionsformel zur Berechnung der Elemente des Schemas

$$b_{j,k} = \frac{1}{h_{j-k} - h_j} \left[h_{j-k}\, b_{j,k-1} - h_j\, b_{j-1,k-1} \right]$$

$$= b_{j,k-1} + \frac{h_j}{h_{j-k} - h_j}\,(b_{j,k-1} - b_{j-1,k-1}).$$

Der zweite Term ist wegen der zu berücksichtigenden Rundungsfehler günstiger.
Bei dem ausgeführten Verfahren handelt es sich um ein Extrapolationsverfahren für
Polynome, das nach Richardson benannt wurde.
Wollen wir das Verfahren in ELAN programmieren, so werden wir für die
x – Werte der Stützpunkte eine eindimensionale ROW deklarieren und für das
Schema eine zweidimensionale. Zu beachten ist, daß die Initialisierung für beide mit
1 anfängt. Wir müssen deshalb von der üblichen Schreibweise der $b_{j,k}$ abweichen
und das Schema mit der folgenden Indizierung festlegen:

$$
\begin{aligned}
y_1 &= b_{1,1} \\[4pt]
y_2 &= b_{2,1} \quad b_{2,2} \\[4pt]
y_3 &= b_{3,1} \quad b_{3,2} \quad b_{3,3} \\[4pt]
y_4 &= b_{4,1} \quad b_{4,2} \quad b_{4,3} \quad b_{4,4} \\
&\;\;\vdots \\
\end{aligned}
\qquad (1.13)
$$

In die erste Spalte werden die y – Werte der Stützpunkte eingetragen. Die Rekursionsformel lautet

$$b_{j,k} = b_{j,k-1} + \frac{h_j}{h_{j-k+1} - h_j}\,(b_{j,k-1} - b_{j-1,k-1}). \qquad (1.14)$$

Programme zur Extrapolation nach Richardson

– in ELAN:

```
REAL PROC rekursion (INT CONST j, k):
  schema [j][k-1] + (schema [j][k-1]
   - schema [j-1][k-1])
   * stelle [j] /(stelle [j-k+1] - stelle [j])
END PROC rekursion;
```

```
deklariere die notwendigen variablen;
hole stuetzpunkte;
put (schema [1][1]);
line;
FOR zeile FROM 2 UPTO n
REPEAT
  put (schema [zeile][1]);
  FOR spalte FROM 2 UPTO zeile
  REPEAT
    schema [zeile][spalte] := rekursion (zeile,spalte); put (schema
    [zeile][spalte])
  END REPEAT;
  line;
END REPEAT;
frage nach neuen stuetzpunkten.


deklariere die notwendigen variablen:
  ROW 10 REAL VAR stelle;
  ROW 10 ROW 10 REAL VAR schema;
  INT VAR zeile, spalte, n.


hole stuetzpunkte:
  put("Zahl der Stuetzpunkte?");
  get(n); INT VAR i;
  FOR i FROM 1 UPTO n
  REPEAT
    put (i);
    put ("-ter Stuetzpunkt? x-Koordinate:");
    get (stelle [i]);
    put ("y-Koordinate:");
    get (schema [i][1])
  END REPEAT; page.


frage nach neuen stuetzpunkten:
  REPEAT
    TEXT VAR wiederholung;
    line;
    put ("Noch einen Stuetzpunkt? j/n");
    get (wiederholung); IF wiederholung = "j"
      THEN ergaenze das schema;
           gib den neuen koeffizienten aus
      ELSE stop
    FI;
  END REPEAT.
```

```
ergaenze das schema:
  n INCR 1;
  put ("Gib die Koordinaten des neuen Stuetzpunktes ein:");
  get (stelle [n]);
  get (schema [n][1]);
  FOR spalte FROM 2 UPTO n
  REPEAT
    schema [n][spalte] := rekursion(n,spalte);
    put (schema [n][spalte]);
    line;
  END REPEAT.

gib den neuen koeffizienten aus:
  put (schema [n][n]).
```

– in BASIC:

```
 10: REM RICHARDSON
 20: DIM X(10): DIM S(10,10): N=0
 30: INPUT "X-WERT?", X(N):
     INPUT "Y_WERT?", S(N,0)
 40: IN N=0 THEN LET N=N+1: GOTO 30
 50: FOR I=1 TO N STEP 1
 60:   S(N,I)=S(N,I-1)+(S(N,I-1)-S(N-1,I-1))*X(N)/
          (X(N-I)-X(N))
 70:   PRINT S(N,I):
     NEXT I
 80: PAUSE "NEUER STUETZPUNKT?"
 90: IPNUT "J/N", B$
100: IF B$="J" AND N<10 THEN LET N=N+1: GOTO 30
110: END
```

Für einen Probelauf wählen wir auf dem Graphen der Funktion

$$f(x) = \cos \frac{\pi}{2} x$$

die Stützpunkte $(4;1)$, $(3;0)$, $(2;-1)$, $(1;0)$.
Wir erhalten das Schema

```
 1
 0   -3
-1   -3   -3
 0    1    3    5
```

Der Wert des Interpolationspolynoms durch die vier Stützpunkte an der Stelle 0 ist

5, ein schlechter Approximationswert für $f(0)$.

Fügen wir in der Wiederholungsschleife den Punkt $(0.5; \pi/4)$ hinzu, so erhalten wir einen besseren Approximationswert, nämlich 1.013714, als Wert des Interpolationspolynoms durch alle fünf Punkte an der Stelle 0.

Das Verfahren liefert allerdings nur dann sinnvolle Approximationswerte, wenn über die Funktion außerhalb des betrachteten Intervalls noch mehr bekannt ist, in unserem Beispiel die Stetigkeit von $\cos x$ für alle $x \in \mathbb{R}$.

Die Erstellung eines Schemas (1.13) ist sowohl spalten – aus auch zeilenweise möglich. Wir haben für das Programm die zeilenweise Erstellung gewählt, um die Näherung durch Hinzufügen weiterer Stützpunkte verbessern zu können.

Übung:

1. a) Wählen Sie vier Stützpunkte auf dem Graphen der Funktion

$$f(x) \quad = \quad \exp x$$

und extrapolieren Sie die Funktion auf $x = 0$.

b) Nehmen Sie weitere Stützpunkte hinzu und wiederholen Sie das Verfahren.

2. Die Bevölkerung eines Staates ist nach folgender Tabelle gewachsen:

Jahr	1970	1972	1974	1976	1978	1980	1982
Bevölkerung in Tsd	32500	34100	34900	36000	36800	37800	38700

Extrapolieren Sie die Bevölkerung in das Jahr 2000.

1.2 Differentialrechnung

1.2.1 Newton – Verfahren

Wie im Einführungsbeispiel (S. 7ff) führen viele Probleme der Analysis auf die
Suche nach Nullstellen von Funktionen, d.h. auf die Lösung von Gleichungen der
Form

$$f(x) \;=\; 0,$$

die meist nicht elementar lösbar sind.

Bereits im vorigen Kapitel haben wir zur näherungsweisen Bestimmung von Nullstellen die folgenden Verfahren kennengelernt:

> Bisektion,
> gewichtete Intervallteilung,
> Sekantenverfahren.

Ist ein Intervall gefunden, in welchem ein Vorzeichenwechsel bei der betrachteten
Funktion vorliegt, und ist die Funktion über diesem Intervall stetig, so muß nach
den Nullstellensatz von Bolzano in diesem Intervall mindestens eine Nullstelle liegen.

Mit den beiden erst genannten Verfahren werden wir sicher eine Nullstelle finden,
denn die Folge der Iterationswerte konvergiert auf jeden Fall und der Grenzwert ist
die Nullstelle (vgl. Kapitel 1.1.2). Beim Sekantenverfahren ist die Konvergenz nicht
immer gesichert (vgl. Kapitel 1.1.3).

Für die Funktion

$$f(x) = x^3 + 3x - 1$$

ergab ein Überblick über die Funktionswerte mit dem Horner – Schema, daß im
Intervall [0;1] eine Nullstelle liegen muß.

Die Anwendung der oben genannten Verfahren ergab mit einer
Fehlergrenze von 2^{-8} bei der Bisektion als Näherungswert für
die Nullstelle

$$0.322265625$$

und mit einer Fehlergrenze von 10^{-5} beim Sekantenverfahren

0.322185454.

Der Rechenaufwand ist bei beiden Verfahren groß. So ist bei der Bisektion der ausgegebene Wert der 9. Teilungspunkt, beim Sekantenverfahren immerhin schon der 5. Iterationswert trotz größerer Genauigkeit.
Da liegt es nahe, nach einer weiteren Verbesserung zu suchen.
Wir wollen die Idee der stückweisen Linearisierung noch einmal aufnehmen. Besser als eine Sekante durch zwei unter Umständen weit auseinander liegende Punkte des Graphen beschreibt die Tangente in einem Punkt an den Graphen dessen Verlauf in einer geeigneten Umgebung.

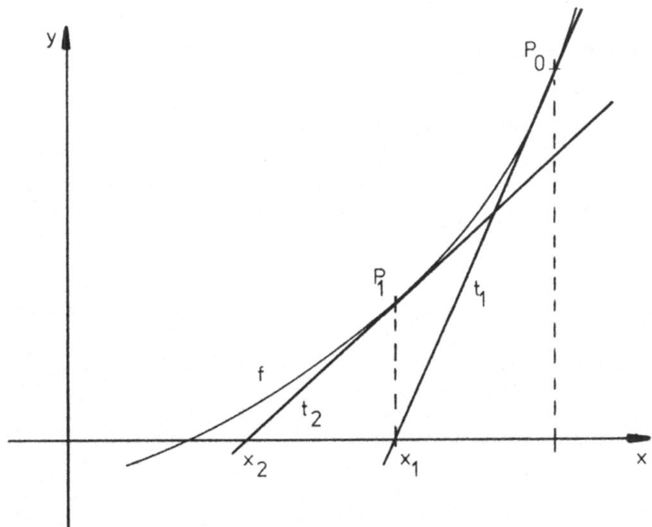

Abb. 1.7

Wir legen in einem beliebigen Punkt P_0 des Graphen zu f, für den nicht $f'(x_0) = 0$ gilt, die Tangente t_1 an den Graphen. Diese schneidet die x–Achse in einem Punkt $N_1(x_1;0)$.
Wir wiederholen nun das Verfahren vom Punkt $P_1(x_1;f(x_1))$ aus und erhalten den Näherungswert x_2. Bei entsprechender Wiederholung ergibt sich eine Folge von x–Werten, die gegen die Nullstelle konvergieren kann; ihr Konvergenzverhalten muß untersucht werden.
Führen wir die Schritte nun einmal für die Funktion

$$f(x) = x^3 + 3x - 1$$

durch.

Es sei $x_0 = 1$ und somit $P_0(1;3)$. Die Tangentensteigung beträgt mit

$$f'(x) = 3x^2 + 3$$

$$m_{t1} = f'(1) = 6.$$

Mit Hilfe der Punktsteigungsform stellen wir die Gleichung der Tangente t_1 auf:

$$t_1: \quad \frac{y - 3}{x - 1} = 6$$

$$t_1: \quad y = 6x - 3$$

Den Schnittpunkt der Tangente t_1 mit der x – Achse erhalten wir durch Lösung der Gleichung

$$6x - 3 = 0$$

$$x = 0.5 : \quad N_1(0.5;0)$$

Wählen wir nun $x_1 = 0.5$ als Argument für einen weiteren Punkt des Graphen:

$$P_2(0.5;0.625).$$

Die Tangentensteigung beträgt $f'(0.5) = 3.75$ und damit lautet die Tangentengleichung

$$t_2: \quad y = 3.75x - 1.25,$$

die mit der x – Achse den Schnittpunkt $N_2(0.3333;0)$ hat.
Ausgehend von $x_2 = 0.3333$ erhalten wir

$$P_3(0.3333;0.0369)$$

mit

$$f'(0.3333) \doteq 3.3333$$

und

$$t_3: \quad y = 3.3333x - 1.0741.$$

Der Schnittpunkt von t_3 mit der x – Achse ist $N_3(0.3222;0)$.

Betrachten wir die zugehörigen Funktionswerte:

$$f(x_0) = 3$$
$$f(x_1) = 0.625$$
$$f(x_2) = 0.0369$$
$$f(x_3) = 4.8 \; 10^{-5},$$

so sehen wir, daß sie sich dem Wert Null nähern.

Die am Beispiel einer ganzrationalen Funktion erläuterte Vorgehensweise wollen wir nun auf beliebige, differenzierbare Funktionen f ausdehnen.

Allgemein gilt:

Ausgehend von $P_0(x_0;f(x_0))$ erhalten wir die Tangentensteigung $f'(x_0)$ und die Tangentengleichung

$$t_1: \; y = f'(x_0) \; x - f'(x_0) \; x_0 + f(x_0).$$

Als Schnittpunkt mit der x – Achse ergibt sich

$$x_1 = x_0 - \frac{f(x_0)}{f'(x_0)} \cdot$$

Wählen wir als zweiten Punkt $P_1(x_1;f(x_1))$, so erhalten wir als nächsten Folgewert

$$x_2 = x_1 - \frac{f(x_1)}{f'(x_1)} \cdot$$

Der $(n+1)$ – te Folgewert ergibt sich rekursiv als

$$x_{n+1} = x_n - \frac{f(x_n)}{f'(x_n)} \qquad\qquad (1.14)$$

Das Verfahren zur Nullstellenberechnung mit Hilfe der Tangentensteigung heißt Newton – Verfahren, Formel (1.14) Newtonsche Iterationsformel.

Wenn

$$\lim_{n \to \infty} x_n = \bar{x},$$

dann gilt:

$$\lim_{n \to \infty} x_{n+1} = \bar{x}.$$

Ist f stetig differenzierbar und somit stetig, dann gilt:

$$\lim_{x_n \to \bar{x}} f(x_n) = f(\bar{x})$$

und

$$\lim_{x_n \to \bar{x}} f'(x_n) = f'(\bar{x})$$

und somit

$$\bar{x} = \bar{x} - \frac{f(\bar{x})}{f'(\bar{x})}$$

$$0 = \frac{f(\bar{x})}{f'(\bar{x})} \quad ,$$

also

$$f(\bar{x}) = 0;$$

Voraussetzung ist allerdings, daß es sich bei x um eine einfache Nullstelle handelt, d.h. f'(x) = 0.
Wir haben gezeigt, daß, wenn die Folge der iterierten Werte konvergiert, der Grenzwert der Folge eine Nullstelle der Funktion ist.

Programm zur Berechnung der Nullstelle eines Polynoms höchstens siebten Grades mit Hilfe des Newton – Verfahrens

– in ELAN:

```
LET POLYNOM = STRUCT(ROW 8 REAL a, INT grad);

REAL PROC f(POLYNOM CONST p, REAL CONST x):
  REAL VAR wert::p.a(p.grad+1);
  INT VAR i;
  FOR i FROM p.grad DOWNTO 1
  REPEAT
    wert:=wert * x + p.a(i)
  END REPEAT;
```

```
  wert
END PROC f;

POLYNOM PROC ableitung (POLYNOM CONST p):
  POLYNOM VAR ableitung;
  ermittle grad der ableitung;
  ermittle koeffizienten der ableitung;
  ableitung.

  ermittle grad der ableitung:
    ableitung.grad := p.grad - 1.

  ermittle koeffizienten der ableitung:
    INT VAR i;
    FOR i FROM p.grad+1 DOWNTO 2
    REPEAT
      ableitung.a[i-1] := real (i-1) * p.a[i]
    END REPEAT.

END PROC ableitung;

PROC newton (REAL VAR x, eps):
  berechne ableitungspolynom;
  REAL VAR xalt;
  REPEAT
    ueberschreibe alten wert;
    berechne naechsten iterationsschritt;
    gib den naeherungswert aus
  UNTIL fehlergrenze unterschritten
  END REPEAT;
  gib die nullstelle aus.

  berechne ableitungspolynom:
    POLYNOM VAR p1 :: ableitung(p).

  ueberschreibe alten wert:
    xalt := x.

  berechne naechsten iterationsschritt:
    x := xalt - f(p,xalt)/f(p1,xalt).

  gib den naeherungswert aus:
    put (x);
    line.

  fehlergrenze unterschritten:
    abs (x - xalt) < eps.
```

```
    gib die nullstelle aus:
        put ("Als Naeherungswert erhalten wir");
        put (x).


END PROC newton;


definiere das polynom;
hole startwerte fuer die iteration;
berechne die nullstelle mit newtonverfahren.


hole startwerte fuer die iteration:
    REAL VAR startwert, eps;
    put ("Startwert?");
    get (startwert);
    put ("Fehlerschranke?");
    get (eps).


berechne die nullstelle mit newtonverfahren:
    newton (startwert,eps).
```

Wie wir aus der Iterationsformel (1.14) entnehmen, benötigen wir die Ableitung des Eingabepolynoms. Zu diesem Zweck wird die 'POLYNOM PROC ableitung' geschrieben, die als Wert das Ableitungspolynom ausgibt. Zu Beginn der Iteration wird das Ableitungspolynom 'p1' als 'ableitung(p)' gebildet.

Es wäre auch möglich, die einzelnen Werte des Horner – Schemas direkt zur weiteren Berechnung der Ableitungswerte zu nutzen (vgl. S. 22).

Die Prozedur für das eigentliche Newtonverfahren 'PROC newton' ist eine Aktionsprozedur. Für sie gilt das bereits zur 'PROC sekante' (S. 38) Gesagte. Im Gegensatz zur 'PROC sekante' erwartet die 'PROC newton' zwei Parameter, nämlich einen Startwert x für die Iteration und einen Abbruchwert 'eps' > 0. In einer UNTIL – Schleife wird im ersten Durchlauf die Hilfsvariable 'xalt' mit dem Startwert x überschrieben. Dann wird mit Hilfe der Formel (1.14) der folgende Näherungswert berechnet und ausgegeben. Zu Beginn des zweiten Durchlaufs der UNTIL – Schleife wird die Hilfsvariable 'xalt' mit dem im ersten Durchlauf berechneten Näherungswert überschrieben, dann der nächste Iterationswert berechnet und ausgegeben, bis der Absolutbetrag der Differenz zweier aufeinanderfolgender x – Werte kleiner als das vorgegebene Epsilon ist. Als Näherungswert für die Nullstelle wird dann der zuletzt berechnete Iterationswert ausgegeben.

Das Hauptprogramm enthält die Eingabe des Polynoms, die Eingabe von Startwerten und die Durchführung des Newtonverfahrens, indem die Prozedur 'newton' aufgerufen wird und ihr die notwendigen Parameter übergeben werden.

Die Ausführung des Refinements 'definiere das polynom' kann aus dem Programm von S. 14 übernommen werden.

Was geschieht nun, wenn wir im obigen Programm die Funktion

$$f(x) = x^2 - 4x + 2$$

und als Startwert 2 eingeben? Das Programm bricht mit der Meldung 'ERROR : REAL overflow near line 9' ab. Es gilt nämlich, daß die erste Ableitung von f an der Stelle 2 Null ist. Bei der Berechnung des ersten Näherungswertes führt dies auf eine Division durch Null, die nicht definiert ist.

Geometrisch bedeutet dies, daß für x = 2 die Tangente an den zugehörigen Punkt des Graphen eine Parallele zur x – Achse ist, die die x – Achse nie schneidet und somit das Verfahren abgebrochen werden muß, da kein weiterer Näherungswert mehr berechnet werden kann.

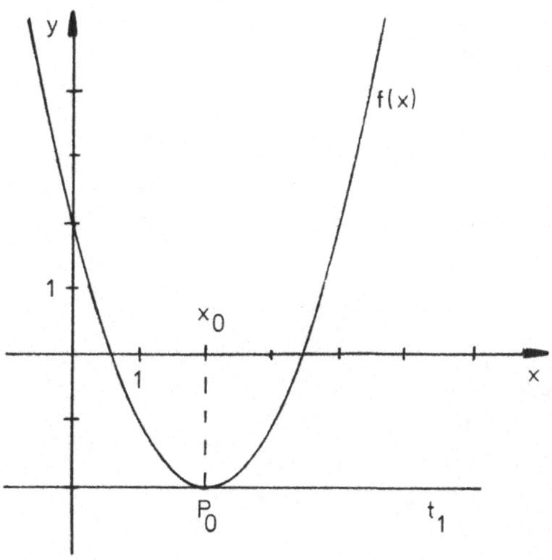

Abb. 1.8

Es genügt nun nicht, im Programm einen Ausstieg einzubauen für den Fall, daß die Ableitung für den Startwert den Wert Null annimmt. Ähnliches kann für einen beliebigen Wert im Zuge des Iterationsverfahrens auftreten.

Wir fügen deshalb eine entsprechende Abfrage innerhalb der UNTIL – Schleife ein:

```
 PROC newton (REAL VAR x, eps):
   REAL VAR xalt;
   REPEAT
     ueberschreibe alten wert;
     ueberpruefe ableitungswert;
     berechne naechsten iterationsschritt;
     gib den naeherungswert aus
   UNTIL fehlergrenze unterschritten
   END REPEAT;
   gib die nullstelle aus.

   ueberpruefe ableitungswert:
     IF ableitung null THEN
       LEAVE newton WITH fehlermeldung
     FI.

   fehlermeldung:
     put ("f'(");
     put (xalt);
     put (")= 0").

   ableitung null:
     f(ableitung(p),xalt) = 0.0.


   END PROC newton;
```

– in BASIC:

```
 10: REM NEWTON
 20: DIM P(8)
 30: INPUT "GRAD?", N
 40: FOR I=N TO 0 STEP -1
 50:   PAUSE I; "-TER KOEFFIZIENT?"
 60:   INPUT P(I):
     NEXT I
 70: INPUT "STARTWERT?", A
 80: INPUT "ABBRUCH?", E
 90: X=A: GOSUB "FUNKTION"
100: PRINT A
110: GOSUB "ABLEITUNG"
120: B=A-F/G
130: IF ABS (A-B)<E THEN 150
140: LET A=B: GOTO 90
150: PAUSE "NULLSTELLE:": PRINT B
160: END
```

```
200: ”FUNKTION”
210: F=P(N)
220: FOR I=N-1 TO 0 STEP -1
230:    F=F*X+P(I):
     NEXT I
240: RETURN

300: ”ABLEITUNG”
310: G=N*P(N)
320: FOR I=N-1 TO 1 STEP -1
330:    G=G*X*I*P(I):
     NEXT I
340: RETURN
```

Mit dem Startwert 1 und dem Abbruchwert 10^{-5} ergibt sich als Iterationsfolge für die Nullstelle der Funktion

$$f(x) = x^3 + 3x - 1:$$

```
0.5
0.33333333333334
0.3222222222223
0.3221854550233
0.3221854546262
```

Als Naeherungswert erhalten wir 3.221854e-1.

Mit dem Startwert 0 und Epsilon 0.00001:

```
0.33333333333333
0.3222222222225
0.3221854550232
0.3221854546264
```

Als Naeherungswert erhalten wir 3.221854e-1.

Wir sehen, daß bei einem näher an der zu erwartenden Nullstelle liegendem Startwert die Anzahl der notwendigen Iterationsschritte kleiner wird.

Für eine effektive Iteration empfiehlt es sich, mit Hilfe des Horner – Schemas als Startwert die rechte oder linke Grenze eines Intervalls $[a; a+1]$ $(a \in \mathbb{Z})$ zu bestimmen, in dem eine Nullstelle liegt.

Wählen wir als Startwert 10 und für Epsilon 0.00001, erhalten wir die Iterationsfolge:

$$6.60396$$
$$4.311425$$
$$2.744566$$
$$1.65434$$
$$8.969547e\text{-}1$$
$$4.513184e\text{-}1$$
$$3.278414e\text{-}1$$
$$3.221948e\text{-}1$$
$$3.221854e\text{-}1$$

Als Naeherungswert erhalten wir 3.221854e-1.

Mit dem Startwert 0 und Epsilon 10^{-13} erhalten wir die Iterationsfolge:

$$0.33333333333333$$
$$0.3222222222225$$
$$0.3221854550232$$
$$0.3221854546264$$
$$0.3221854546264$$

Als Naeherungswert erhalten wir 3.221854e-1.

Das Newton – Verfahren braucht aber nicht in jedem Fall zu einer Lösung der Gleichung

$$f(x) \quad = \quad 0$$

zu führen, wie die folgenden Beispiele zeigen.

1. Beispiel:

$$f(x) = x^4 - 10x^2 + 9$$

Wählen wir als Startwert

$$x_0 = \sqrt{\frac{5 + \sqrt{52}}{3}} \, ,$$

so erhalten wir analytisch als nächsten Näherungswert $x_1 = 0$, für den aber gilt:

$$f'(0) \quad = \quad 0.$$

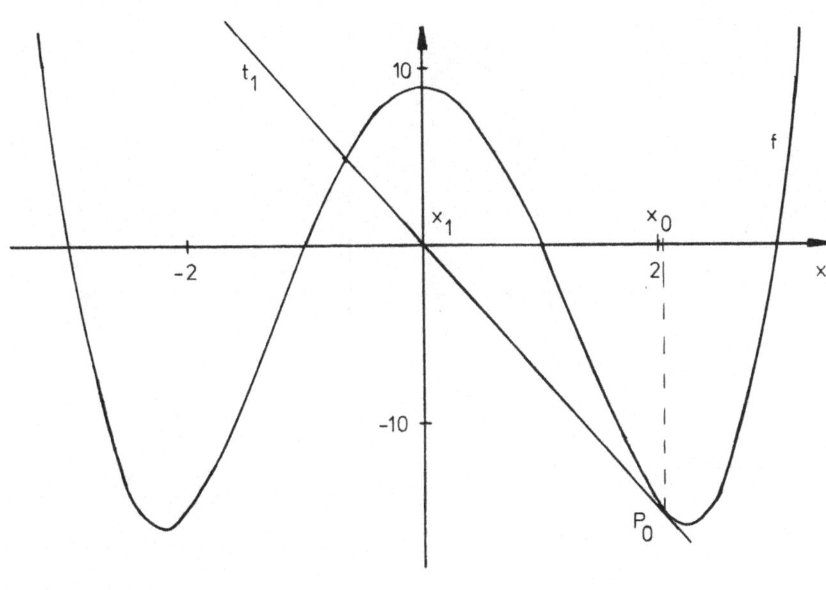

Abb. 1.9

Geben wir jedoch den Wert

$$\sqrt{\frac{5 + \sqrt{52}}{3}} \approx 2.0175$$

als Startwert in den Rechner, so erhalten wir

$$x_1 = -1.24 \cdot 10^{-9} \ \text{bzw.} \ 1.18 \cdot 10^{-4},$$

Werte, bei denen die erste Ableitung von Null verschieden ist. Der Grund hierfür liegt in der REAL – Verarbeitung des Wurzelterms bzw. der internen Darstellung der Dezimalzahl 2.0175.

Nach 88 Iterationsschritten wird die Nullstelle 3 ausgegeben.

2. Beispiel:

$$f(x) = x^3 - 3x$$

$$f'(x) = 3x^2 - 3$$

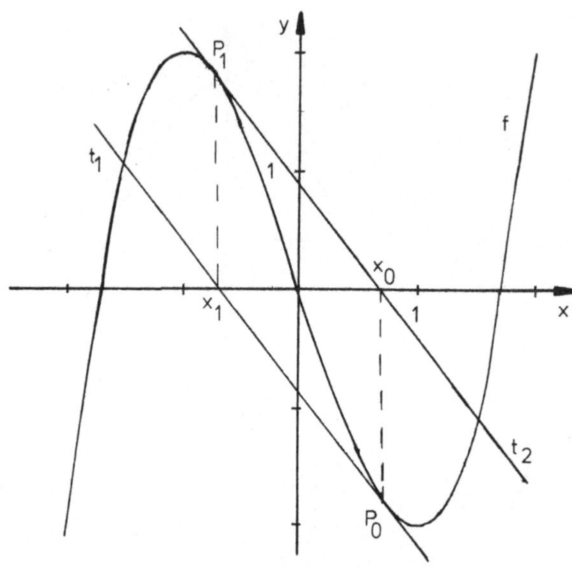

Abb. 1.10

Wählen wir als Startwert $x_0 = \sqrt{0.6}$, so erhalten wir

$$x_1 = \sqrt{0.6} \; - \frac{f(\sqrt{0.6}\,)}{f'(\sqrt{0.6}\,)}$$

$$= -\sqrt{0.6}$$

und anschließend

$$x_2 = -\sqrt{0.6} \; - \frac{f(-\sqrt{0.6}\,)}{f'(-\sqrt{0.6}\,)}$$

$$= \sqrt{0.6} \quad .$$

Die Iterationsfolge alterniert zwischen den Werten $\sqrt{0.6}$ und $-\sqrt{0.6}$. Wir sprechen von <u>Stagnation</u>.

Geben wir diese Werte beim Durchlauf des Programms ein, so erhalten wir dennoch als Ergebnis die Nullstelle $x = 0$:

$$-7.745967e-1$$
$$7.745967e-1$$
$$-7.745966e-1$$
$$7.745964e-1$$
$$-7.745948e-1$$

```
 7.745854e-1
-.774529
 7.741907e-1
-7.721657e-1
 7.601805e-1
-6.937726e-1
 4.292013e-1
-6.461235e-2
 1.805811e-4
-3.925700e-12
 0.0
```

Als Naeherungswert erhalten wir 0.0.

Der Grund für ein solches Verhalten liegt in der REAL – Verarbeitung.

Da mit gerundeten Werten weitergearbeitet wird, ergibt sich nicht der negative Wert des Startwertes sondern nur ungefähr dieser Wert, so daß der Startwert für den nächsten Schritt etwas von $\sqrt{0.6}$ abweicht und somit die Iterationsfolge nach einigen Schritten gegen die gesuchte Nullstelle konvergiert.

3. Beispiel:

$$f(x) = \sqrt[3]{|x|}$$

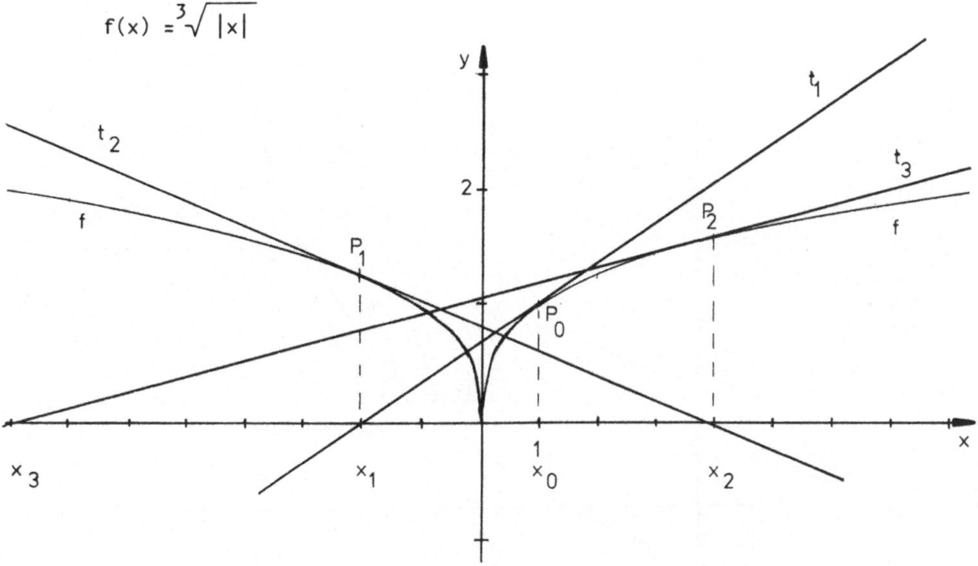

Abb. 1.11

Für $x_{n+1} > 0$ gilt:

$$x_{n+1} = x_n - 3 \sqrt[3]{x_n} \sqrt[3]{x_n^2} = -2x_n$$

und für $x_{n+1} < 0$ gilt:

$$x_{n+1} = x_n + 3 \sqrt[3]{-x_n} \sqrt[3]{x_n^2} = -2x_n \quad .$$

Wenn nun n   gilt:

$$|x_{n+1}| = |-2x_n| = 2 \, |x_n| = 2^{n+1}|x_1| \to \infty \quad .$$

Die Folge der Iterationswerte <u>divergiert</u>.

Bedingungen für Konvergenz und Divergenz von Iterationsfolgen werden wir im Abschnitt "allgemeine Iterationsverfahren" untersuchen.

Den bei der Newtonschen Iterationsformel notwendigen Rechenaufwand können wir reduzieren, wenn wir nicht in jedem neuen Punkt die Tangente an den Graphen legen, sondern die zuerst bestimmte Tangente einfach parallel verschieben:

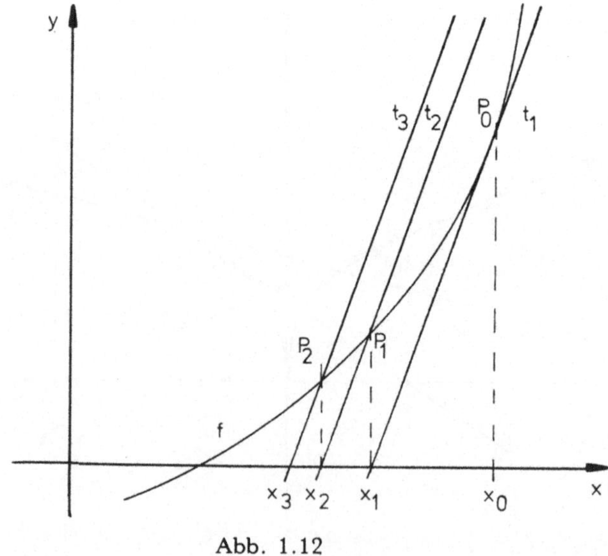

Abb. 1.12

Gegeben sei die Funktion $f(x) = x^3 + 3x - 1$.

Wir wählen als Startpunkt für die Iteration den Punkt $P_0(1;3)$. Die Tangente an den

Graphen in diesem Punkt hat die Gleichung

$$t_1: \quad y = 6x - 3$$

und schneidet die x – Achse im Punkt $N_1(0.5;0)$ (vgl. S. 70). Der zugehörige Punkt auf dem Graphen $P_1(0.5;0.625)$ ist Ausgangspunkt für den nächsten Schritt. Im Gegensatz zum NewtonVerfahren legen wir aber nicht die Tangente an den Graphen in P_1, sondern eine Gerade durch P_1 mit der Steigung des Graphen im Startpunkt: $m = 6$. Mit der Punkt – Steigungsform der Geradengleichung erhalten wir

$$g_1: \quad y = 6x - 2.375.$$

Sie schneidet die x – Achse an der Stelle $\qquad x_1 = 0.39583$.

Wir sehen, daß im Vergleich zum dritten Näherungswert beim exakten Newton – Verfahren, 0.3333, dieser Wert etwas weiter von der Nullstelle entfernt ist.

Die nächste Gerade hat die Gleichung

$$g_2: \quad y = 6x - 2.35003$$

und ihr Schnittpunkt mit der x – Achse liefert den Näherungswert $x_2 = 0.39167$.

Aus der Berechnung erkennen wir, daß die erste Ableitung nur einmal für den Startwert berechnet werden muß.

Die Iterationsformel für das "vereinfachten" Newtonverfahren lautet:

$$x_{n+1} = x_n - \frac{f(x_n)}{f'(x_0)} \; ,$$

wobei x_0 der Startwert für die Iteration ist.

Im Programm wird die Berechnung von $f'(x_0)$ außerhalb der UNTIL – Schleife vorgenommen. Die Prozedur 'einfachnewton' sieht dann folgendermaßen aus:

```
PROC einfachnewton (REAL VAR x, eps):
  REAL VAR xalt;
  ermittle steigung;
  REPEAT
    ueberschreibe alten wert;
    berechne naechsten iterationsschritt;
    gib den naeherungswert aus
  UNTIL fehlergrenze unterschritten
  END REPEAT;
  gib die nullstelle aus.
```

```
    ermittle steigung:
      REAL VAR m :: f(ableitung(p),x).

    ueberschreibe alten wert:
      xalt := x.

    berechne naechsten iterationsschritt:
      x := xalt - f(p,xalt)/m.

    gib den naeherungswert aus:
      put (x);
      line.

  END PROC einfachnewton;
```

Das Hauptprogramm wird wie folgt ausgeführt:

```
    definiere das polynom;
    hole startwerte fuer die iteration;
    berechne die nullstelle mit einfachem newtonverfahren.

    berechne die nullstelle mit einfachem newtonverfahren:
      einfachnewton (startwert,eps).
```

Die nicht ausgeführten Refinements können aus den Programmen zur Berechnung von Nullstellen mit Hilfe des Newtonverfahrens übernommen werden (S. 72).

Im BASIC – Programm von S. 76 werden die Zeilen 90 bis 140 durch die folgenden ersetzt:

```
 90: X=A: GOSUB "ABLEITUNG"
100: X=A: GOSUB "FUNKTION"
110: PRINT A
120: B=A-F/G
130: IF ABS (A-B)<E THEN 150
140: LET A=B: GOTO 100
```

Für die Funktion $f(x) = x^3 + 3x - 1$ erhalten wir mit dem Startwert 1 und einer Genauigkeit von 10^{-5} die Iterationsfolge:

```
            0.5
            0.3958333333334
            0.3542465398343
            0.3363808341302
            0.3285134860319
```

```
0.3250144417074
0.3234518706173
0.3227526747768
0.3224395731505
0.3222992142992
0.3222364728634
0.3222082153923
0.3221956984125
0.3221899448325
```

Als Naeherungswert erhalten wir 3.221899e-1.

Der Vergleich mit dem Newton – Verfahren zeigt, daß bei gleichem Startwert und Abbruchkriterium bei der Verwendung des vereinfachten Newtons sehr viel mehr Iterationsschritte notwendig sind. Ein Vergleich der Laufzeiten ergibt für das Newton – Verfahren 1.6 s und das vereinfachte Newtonverfahren 1.2 s.

Als Beispiel wollen wir das Newton – Verfahren auf die Funktion

$$f(x) = x^2 - a \qquad (a \in \mathbb{R}^+)$$

anwenden. Gesucht ist die Nullstelle der Funktion f. Wir wissen, daß $\sqrt{a}$ die positive Lösung der Gleichung

$$x^2 - a = 0$$

ist. Mit Hilfe des Newton – Verfahrens erhalten wir jetzt eine Folge von Näherungswerten für die Quadratwurzel von a.

$x_0 > 0$ sei Startwert der Iterationsfolge. Es gilt dann

$$x_1 = x_0 - \frac{f(x_0)}{f'(x_0)} = \frac{1}{2}\left(x_0 + \frac{a}{x_0}\right)$$

Die Formel ist uns von einem alten Verfahren zur Quadratwurzelbestimmung bekannt, dem Heron – Verfahren.

Dort gilt nämlich, wenn x_0 ein Näherungswert für $\sqrt{a}$ ist mit $x_0 > \sqrt{a}$, daß

$$\frac{a}{x_0} < \sqrt{a} < x_0 .$$

Als besseren Näherungswert wählen wir das arithmetische Mittel aus der oberen und unteren Grenze für a :

$$x_1 = \frac{1}{2}\left(x_0 + \frac{a}{x_0}\right).$$

Es gilt

$$x_1 > \sqrt{a} \, ,$$

da $\sqrt{a}$ als geometrisches Mittel aus x_0 und a/x_0 kleiner ist als das arithmetische Mittel aus diesen beiden Werten. Analog zum ersten Schritt erhalten wir

$$\frac{a}{x_1} < \sqrt{a} < x_1$$

und als dritten Näherungswert

$$x_2 = \frac{1}{2} \left(x_1 + \frac{a}{x_1} \right) .$$

Denselben Term für x_2 erhalten wir mit Hilfe des Newton – Verfahrens.

Die Frage ist nur, ob sowohl das Heron – Verfahren als auch das Newton – Verfahren gegen $\sqrt{a}$ bzw. die Nullstelle konvergieren.

Mit Hilfe des Satzes, daß jede monoton fallende, nach unten beschränkte Folge konvergent ist, kann die Frage positiv beantwortet werden. Der Beweis ist allerdings aufwendig.

Einfacher ist die Antwort, wenn wir Kriterien für die Konvergenz des Newton – Verfahrens kennen, die im folgenden Kapitel 1.2.2 besprochen werden.

Eine Anwendung unseres Programms zur Nullstellenberechnung mit Hilfe des Newton – Verfahrens für die Funktion

$$f(x) = x^2 - 5$$

liefert als Näherungswerte für $\sqrt{5}$:

```
     2.25
     2.23611111112
     2.23606877916
     2.236068775
```

```
 Als Naeherungswert erhalten wir 2.236068775 .
```

Übungen:

1. Eine Hohlkugel hat den Innenradius 7 cm und die Wandstärke 3 cm. Welches spezifische Gewicht muß das Material haben, damit sie zur Hälfte eintaucht?

2. Ein zylindrischer Baumstamm ($\gamma = 0.8$ g/cm^3) mit dem Durchmesser 40 cm

liegt waagerecht im Wasser. Wie tief taucht er ein?

3. Ein Glasgefäß hat die Form eines Zylinders, der auf eine Halbkugel aufgesetzt ist. Der Zylinder hat innen die Höhe 21 cm und faßt insgesamt 2 l. Welchen inneren Durchmesser hat das Gefäß?

4. Ein kugelförmiger Tank (Innenradius 2.7 m) wird mit 50 hl einer flüssigen Chemikalie gefüllt. Wie hocht steht die Chemikalie im Tank?

5. Eine alte, halbierte Rohrleitung (vgl. Abb.) mit einem Innendurchmesser von 4 m wird auf einem Kinderspielplatz eingegraben und mit 30 m^3 Sand gefüllt. Wie hoch steht der Sand in der "Sandkiste" abhängig von der Rohrlänge l?

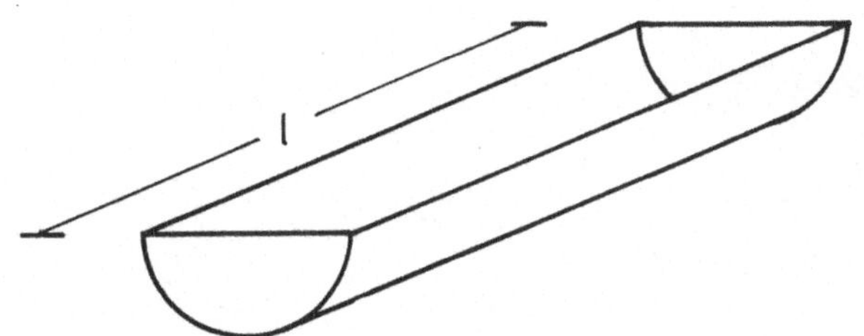

6. a) Ein Bankkunde möchte sein Kapital von 1000 DM so verzinsen, daß er in 6 Jahren 2000 DM hat. Die Verzinsung erfolgt mit festem Zinssatz. Welchen Zinssatz muß er mit der Bank vereinbaren?

   b) Schreiben Sie ein Programm, das Ihnen bei vorgegebenem Anfangs- und Endkapital, sowie vorgegebener Laufzeit den zu vereinbarenden Zinssatz ausgibt.

7. Der Stammbruch 1/a läßt sich als Nullstelle auffassen von

$$y = \frac{1}{x} - a$$

   a) Zeigen Sie, daß der Newton-Algorithmus auf eine Rechenvorschrift hinausläuft, in der nur Multiplikationen vorkommen.

   b) Führen Sie die Iteration für a = 4 mit dem Startwert 0.3 durch.

8. Ein Würfel mit der Kantenlänge 2 m soll so verdoppelt werden, daß wieder ein Würfel entsteht. (Delisches Problem)

9. Der sekundliche Fluß Q, die Druckdifferenz p, die Rohrlänge l, der Rohrradius r und die Viskosität der durchfließenden Flüssigkeit stehen nach dem Gesetz von Hagen-Poiseuille in folgendem Zusammenhang:

$$Q = \frac{\pi \cdot r^4 \cdot \Delta p}{8 \cdot \eta \cdot l} \quad .$$

Benutzen Sie die Quadratwurzel – Prozedur im geschachtelten Aufruf, um den Rohrradius zu berechnen, der bei einer Druckdifferenz von 1 Pascal, einer Viskosität von 1.499 Ps (Glycerin) und einer Rohrlänge von 10m den Transport von 1 m/s erlaubt.

10. Die Zustandsgleichung für reale Gase nach van der Waals lautet:

$$(p + \frac{a}{V^2}) \; (V - b) = RT \; .$$

Für Kohlendioxid gilt:

$$a = 0.3530394 \; \frac{Nm^4}{Mol^2}$$

$$b = 0.4275 \; 10^{-4} \; \frac{m^3}{Mol}$$

$$R = 8.3166 \; \frac{Nm}{Mol \cdot K}$$

Wie groß ist bei einem Druck von

$$100 \; P = 100 \; \frac{N}{m^2}$$

und einer absoluten Temperatur von 293 K das Gasvolumen V in m^3/Mol.

1.2.2 Allgemeine Iterationsverfahren

Die Iterationsformel des Newton – Verfahrens (1.14) lautet

$$x_{n+1} = x_n - \frac{f(x_n)}{f'(x_n)} \; .$$

Konvergiert das Verfahren für $n \to \infty$, so gelten

$$x_{n+1} \to x$$

und

$$x_n - \frac{f(x_n)}{f'(x_n)} \to g(x),$$

wobei x die Nullstelle von f ist.

Für den Grenzübergang n→∞ wird Gleichung (1.14) zu

$$x = g(x).$$

Ist x_0 Lösung der Gleichung $x = g(x)$ mit

$$g(x) = x - \frac{f(x)}{f'(x)} \ ,$$

dann gilt

$$x_0 = x_0 - \frac{f(x_0)}{f'(x_0)} \ .$$

x_0 ist also Nullstelle der Funktion f.

Die Umkehrung des Satzes folgt analog.

Erfüllt x die Gleichung $x = g(x)$, so wird x Fixpunkt der Abbildung g genannt.

Geometrisch bedeutet die Bestimmung des Fixpunktes der Abbildung g, daß wir die Abszisse des Schnittpunktes der Winkelhalbierenden des I. und III. Quadranten, $y = id \ x = x$, mit dem Graphen zu g suchen.

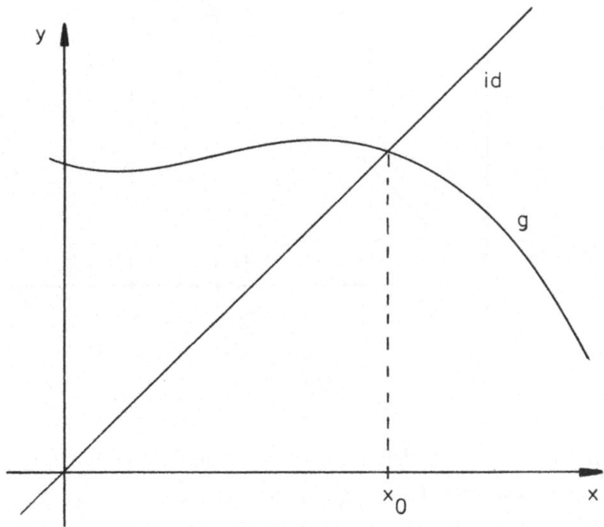

Abb. 1.13

Übertragen wir das Newton – Verfahren auf die Fixpunktsuche, erhalten wir mit einem Startwert x_0 den Wert

$$x_1 = g(x_0)$$

dann

$$x_2 = g(x_1),$$

$$x_3 = g(x_2)$$

$$\vdots$$

$$x_{n+1} = g(x_n).$$

Anhand der Abbildung 1.14 wollen wir uns das Verfahren verdeutlichen.

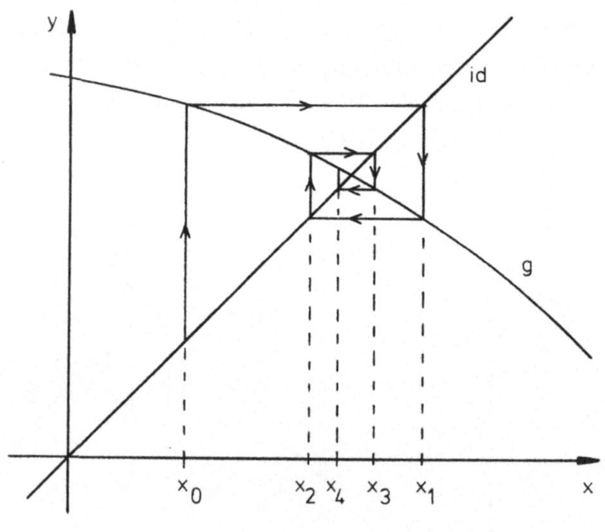

Abb. 1.14

Wir starten im Punkt (x_0, x_0), der auf der Winkelhalbierenden liegt, und gehen parallel zur y – Achse zum Punkt $(x_0, g(x_0))$ des Graphen von g. Von dort aus gehen wir parallel zur x – Achse bis zur Winkelhalbierenden. $(g(x_0), g(x_0))$ ist der Schnittpunkt. Wir setzen $x_1 = g(x_0)$ und wiederholen das Verfahren von (x_1, x_1) aus. Der Streckenzug verläuft über $(x_1, g(x_1))$ nach $(g(x_1), g(x_1))$. Mit $x_2 = g(x_1)$ setzen wir den Weg fort.

Konvergiert das Verfahren, so wird der Streckenzug, der in unserer Abbildung einem Spinnennetz (cobweb) ähnelt, beliebig nahe an den Schnittpunkt heranführen und die Iterationsfolge (x_n) strebt gegen den Fixpunkt der Abbildung g, wenn diese in einer geeigneten Umgebung stetig ist.

Im vorigen Kapitel haben wir die Nullstelle der Funktion

$$f(x) = x^3 + 3x - 1,$$

die im Intervall $[0;1]$ liegt, mit dem Newton – Verfahren durch die Iteration

$$x_{n+1} = x_n - \frac{x_n^3 + 3x_n - 1}{3x_n^2 + 3}$$

bestimmt. Wir wollen nun das Problem auf eine Fixpunktsuche übertragen. Dazu definieren wir wie folgt:

$$g(x) = x - \frac{x^3 + 3x - 1}{3x^2 + 3}$$

$$= \frac{2x^3 + 1}{3(x^2 + 1)} \quad .$$

Gesucht ist die Lösung der Gleichung $x = g(x)$.

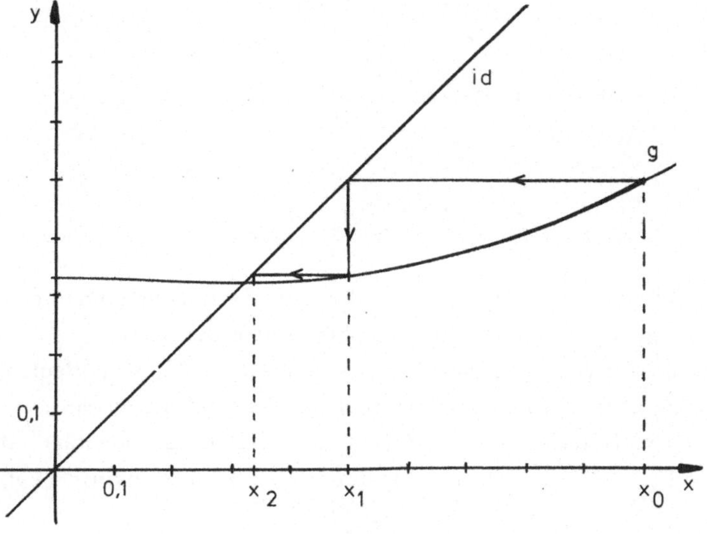

Abb. 1.15

Außer der obigen Funktion gibt es auch andere Funktionen, die entstehen, wenn wir die Gleichung zur Nullstellenbestimmung

$$f(x) \;=\; 0$$

durch Äquivalenzumformungen in Fixpunktgleichungen der Form

$$x \;=\; g(x)$$

umwandeln. Diese sind zur Fixpunktbestimmung unterschiedlich gut geeignet.

1. $\quad 0 = x^3 + 3x - 1$

$\quad\quad x = x^3 + 4x - 1 = g_1(x)$

2. $\quad 0 = x^3 + 3x - 1$

$\quad\quad -3x = x^3 - 1$

$\quad\quad x = \frac{1}{3}(1 - x^3) = g_2(x)$

3. $\quad x^3 + 3x - 1 = 0$

$\quad\quad x(x^2 + 3) = 1$

$\quad\quad x = \dfrac{1}{x^2 + 3} = g_3(x)$

4. $\quad x^3 + 3x - 1 = 0$

$\quad\quad x^3 + x = 1 - 2x$

$\quad\quad x = \dfrac{1 - 2x}{x^2 + 1} = g_4(x)$

In den Abbildungen 1.16 und 1.17 werden die Fixpunktbestimmungen für die Funktionen g_1, g_2, g_3, g_4 mit verschiedenen Startwerten dargestellt.

Es fällt auf, daß bei g_1 und g_4 die Streckenzüge aus dem Bild herauslaufen, obwohl ihre Startpunkte näher am Fixpunkt liegen als bei den beiden anderen.

Für eine exaktere Untersuchung schreiben wir eine Prozedur 'iteration', die wir in ein 'PACKET main' einbinden und insertieren (vorübersetzen). (Vgl. Kapitel 1.3.4)

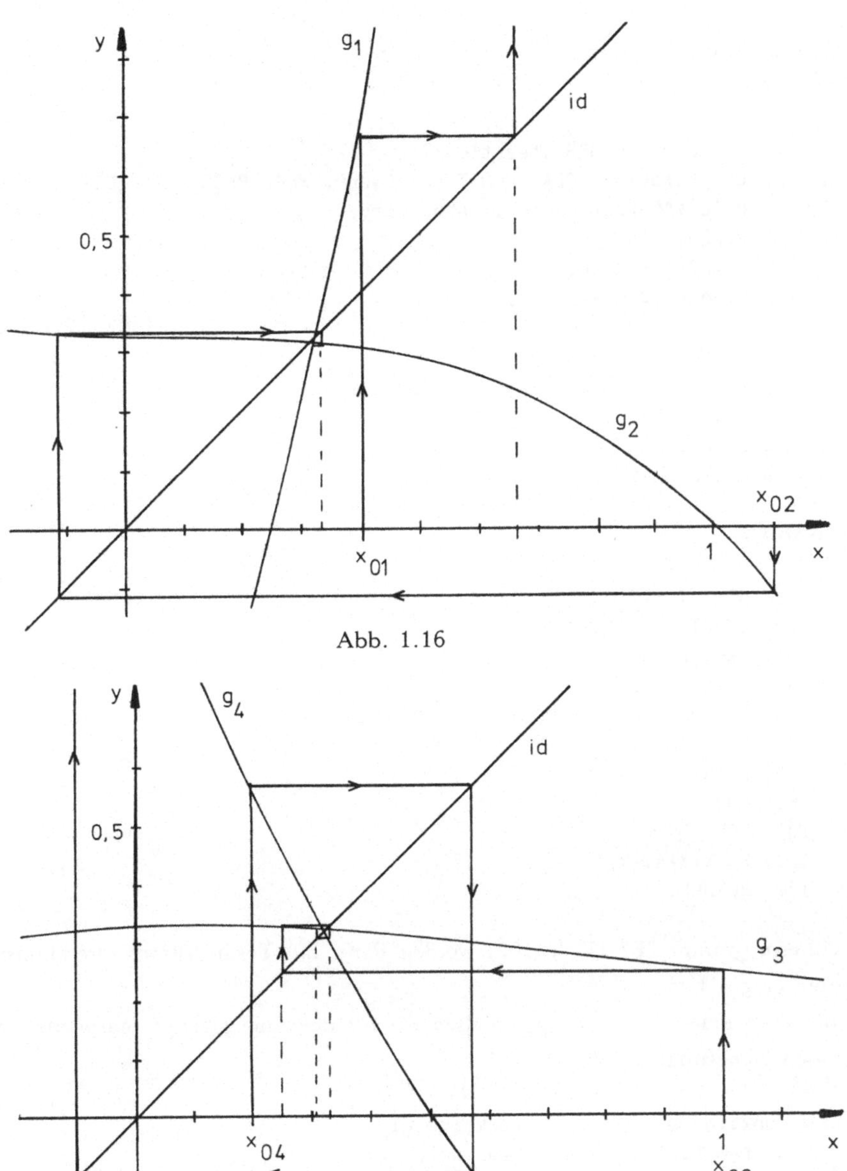

Abb. 1.16

Abb. 1.17

Programm für die Iteration
- in ELAN:

```
        PACKET main DEFINES iteration:
          PROC iteration (REAL CONST startwert, REAL PROC (REAL CONST) g):
            REAL VAR xalt, xneu :: startwert;
            REPEAT
              xalt := xneu;
              xneu := g(xalt);
              put (xneu);
              line
            UNTIL abs (xneu - xalt) < 0.00001
            END REPEAT
          END PROC iteration;
        END PACKET main
```

- in BASIC:

```
        10: REM ITERATION
        20: INPUT "STARTWERT?": F
        30: X=F: GOSUB "F"
        40: PRINT F
        50: IF ABS (F-X)<0.00001 THEN 70
        60: GOTO 30
        70: PRINT F
        80: END
       100: "F"
       110: F=(X*X+4)*X-1
       120: RETURN
```

Im Unterprogramm "F" (Zeile 100) werden dann die Terme für die Iterationsvorschriften eingegeben.

Für die Funktionen g_1, g_2, g_3, g_4 erhalten wir bei den angegebenen Startwerten die folgenden Näherungswerte:

```
        Funktion g1              Funktion g1
        Startwert 1.0            Startwert 0.4

        4.                       .664
        79.                      1.948755
        493354.                  14.1957
        1.200815e17              2916.471
        1.731521e51              2.480694e10
                                 1.526580e31
                                 3.557612e93
```

```
Funktion g2            Funktion g3
Startwert 1.0          Startwert 1.0


0.0                    .25
3.333333e-1            3.265306e-1
3.209877e-1            .321893
3.223092e-1            3.222049e-1
3.221725e-1            .322184
3.221867e-1            3.221854e-1
3.221852e-1


Funktion g4            Funktion g4
Startwert 1.0          Startwert 0.1


-.5                    7.920792e-1
1.6                    -3.589543e-1
-6.179775e-1           1.521824
1.618034               -6.163088e-1
-.618034               1.61803
1.618034               -.618034
-.618034               1.618034
                       -.618034
```

Die iterative Berechnung bestätigt die Beobachtungen über das Verhalten der Funktionen aus den Abbildungen 1.16 und 1.17.

Bei g_1 divergiert die Folge der Näherungswerte, bei g_2 und g_3 konvergiert sie und bei g_4 stagniert die Folge der Näherungswerte, es werden alternierend die Werte 1.6 und -0.6 angenommen.

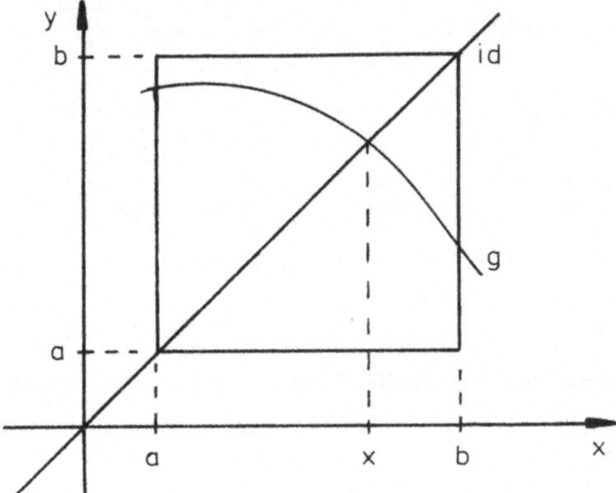

Abb. 1.18

Es stellt sich die Frage, unter welchen Bedingungen eine Funktion g einen Fixpunkt hat.

Die Funktion g sei auf dem Intervall [a,b] definiert und stetig.

Wird durch g das Intervall [a,b] in sich abgebildet, so ist anschaulich klar, daß (a,g(a)) auf der linken Seite des Quadrates mit den Eckpunkten (a,a), (b,a), (b,b), (a,b) liegt. Der Punkt (b,g(a)) liegt auf der Gegenseite. Da g stetig ist, muß die Diagonale des Quadrates mindestens einmal geschnitten werden.

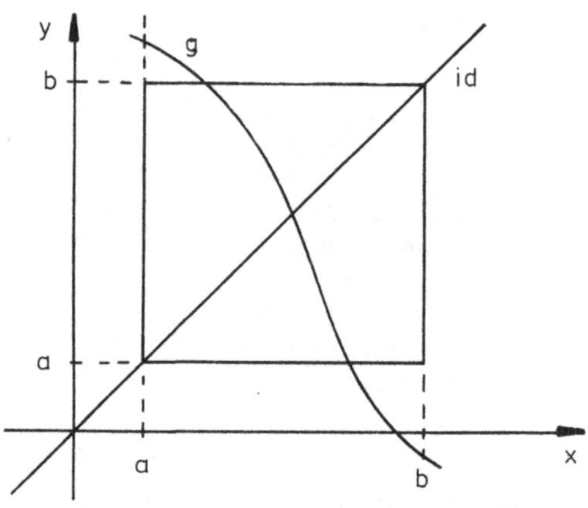

Abb. 1.19

Bildet die Funktion das Intervall nicht in sich ab, so kann zwar ein Fixpunkt existieren; die Existenz kann aber nicht vorausgesagt werden.
Ein Beispiel hierfür ist die Funktion

$$g_1(x) = x^3 + 4x - 1 \ .$$

Das Intervall [0;1] wird auf [-1;4] abgebildet (vgl. Abb. 1.16), dennoch hat die Funktion im Intervall [0;1] einen Fixpunkt.

Es gilt der folgende Satz:

Ist g eine stetige Abbildung des Intervalls [a,b] in sich, dann hat g mindestens einen Fixpunkt in diesem Intervall.

Um den Satz zu beweisen, wird eine Hilfsfunktion

$$h(x) \ = \ f(x) - x \quad \text{für } x \in [a,b]$$

definiert, die stetig ist, und nach dem Nullstellensatz von Bolzano in [a,b] minde–
stens eine Nullstelle hat, denn

$$h(a) \; > \; 0, \text{ da } f(a) \; > \; a \text{ , und}$$
$$h(b) \; < \; 0, \text{ da } f(b) \; < \; b.$$

Die Nullstelle ist der gesuchte Fixpunkt.

Damit ist aber noch nicht gewährleistet, daß jede Iterationsfolge konvergiert.

Ein Beispiel hierfür ist die Funktion

$$g(x) \; = \; - \, x \, + \, 4$$

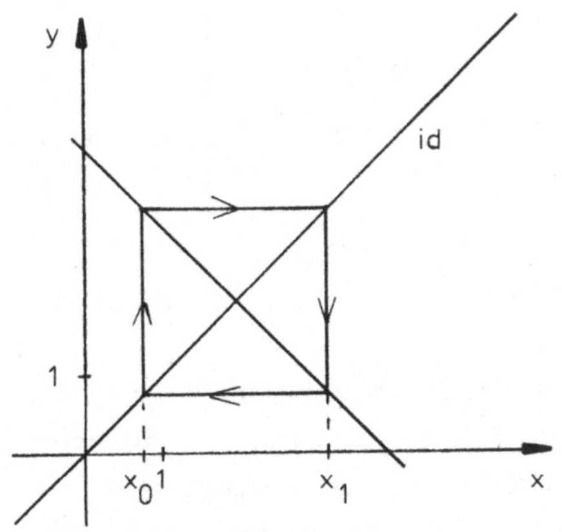

Abb. 1.20

Ihr Fixpunkt ist $x = 2$. Mit einem Startwert $x_0 = 2$ erhalten wir eine Iterationsfol–
ge, die zwischen den Werten x_0 und und $4 - x_0$ alterniert.

Konvergiert die Folge jedoch und erfüllt die Funktion g die Voraussetzungen des
obigen Satzes, dann konvergiert die Folge gegen den Fixpunkt.

Die Frage ist nun, welche Bedingungen die Konvergenz sichern.

Betrachten wir ein Beispiel für Konvergenz des Iterationsverfahrens (Abb. 1.21), ein
Beispiel für Divergenz (Abb. 1.22) und ein Beispiel für Stagnation (Abb. 1.20), so
fällt auf, daß das Verfahren dann gegen den Fixpunkt konvergiert, wenn wir ihm
mit jedem Schritt näher kommen. In diesem Fall sprechen wir auch von einem
"anziehenden" Fixpunkt.

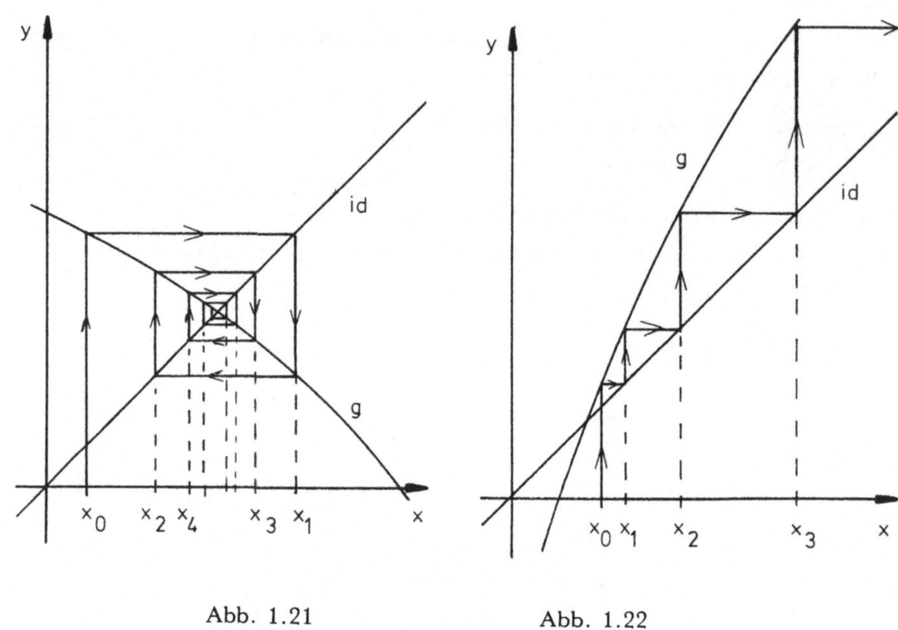

Abb. 1.21   Abb. 1.22

Auch scheint die Steilheit des Graphen eine Rolle zu spielen. Wir zeichnen in allen drei Fällen Sehnen durch den Fixpunkt $(x;g(x))$ und iterierte Punkte des Graphen $(x;g(x))$. Im Falle der Stagnation ist die Steigung dem Betrag nach 1, im Falle der Konvergenz kleiner als 1, im Falle der Divergenz größer als 1. Das bedeutet, daß im Falle der Konvergenz der Graph innerhalb eines Winkelfeldes sich dem Fixpunkt nähert, das durch die Geraden mit den Steigungen 1 und -1 begrenzt wird, die sich im Fixpunkt schneiden.

Gegeben sei eine stetige Abbildung g, die das Intervall $[a,b]$ in sich abbildet und mit $x_0 \in [a,b]$ die Folge

$$x_{n+1} = g(x_n) \qquad (n \in \mathbb{N}_0).$$

definiert.

Ist der Fixpunkt $\bar{x}$ anziehend, heißt dies für alle $x \in [a,b]$, daß

$$|\bar{x} - g(x)| < |\bar{x} - x| \qquad (x \neq \bar{x}).$$

Wir formen die Gleichung um:

$$\frac{|\bar{x} - g(x)|}{|\bar{x} - x|} < 1$$

Mit $\bar{x} = g(\bar{x})$ folgt

$$\frac{|g(\bar{x}) - g(x)|}{|\bar{x} - x|} < 1 \ .$$

Auf der linken Seite der Ungleichung finden wir die Steigung der Sehne durch $(\bar{x}, g(\bar{x}))$ und $(x, g(x))$, die dem Betrag nach kleiner als 1 sein soll.

Das bedeutet aber, daß für einen anziehenden Fixpunkt für alle $x \in [a,b]$ gilt:

$$\frac{|g(\bar{x}) - g(x)|}{|\bar{x} - x|} < 1 \ .$$

Eine Abbildung, die diese Bedingung erfüllt, heißt (schwach) kontrahierend.

Alle diese Überlegungen lassen sich im Banachschen Fixpunktsatz zusammenfassen, der allgemeiner in vollständigen metrischen Räumen gilt, aber eine etwas stärkere Voraussetzung benötigt.

Es sei $[a,b]$ mit $a \neq b$ ein abgeschlossenes Intervall reeller Zahlen und g eine Abbildung von $[a,b]$ in sich.

Wenn es eine Konstante $k < 1$ gibt, so daß für alle x, y $[a,b]$ gilt

$$|g(x) - g(y)| < k \, |x - y| ,$$

dann hat die Gleichung

$$x = g(x)$$

in $[a,b]$ genau eine Lösung $x = \bar{x}$.

Bildet man ausgehend von einem beliebigen Element $x_0 \in [a,b]$ die Folge (x_n) mit

$$x_{n+1} = g(x_n) \qquad (n \in \mathbb{N}_0),$$

dann gilt die Abschätzung

$$|\bar{x} - x_n| < \frac{k^n}{1-k} |x_1 - x_0| \ .$$

Insbesondere konvergiert die Folge (x_n) gegen $\bar{x}$.

Wir wollen nicht versäumen, darauf hinzuweisen, daß es sich beim Banachschen Fixpunktsatz um den Idealfall eines mathematischen Satzes handelt:

Er ist auf viele Probleme anwendbar und garantiert nicht nur die Existenz einer Lösung dieser Probleme, sondern gibt direkt ein konstruktives Verfahren zur Bestimmung der Lösung an, dessen Durchführung durch die angegebene Fehlerabschätzung gesteuert werden kann. Darüber hinaus ist er leicht zu beweisen. (z.B. [9], S. 75)

Wir wollen den Banachschen Fixpunktsatz auf die Iterationsvorschrift anwenden, die auf S. 92 wie folgt definiert wurde:

$$x = g(x) = \frac{1}{x^2 + 3} \ .$$

Durch g wird das Intervall [0;1] in sich abgebildet, denn

$$g(0) = \frac{1}{3} \quad \text{und} \quad g(1) = \frac{1}{4}$$

und wegen

$$g'(x) = - \frac{2x}{(x^2 + 3)^2} < 0 \quad \text{für alle } x \in [0;1]$$

ist g streng monoton fallend.

Außerdem können wir $g'(x)$ abschätzen:

$$|g'(x)| = \frac{2x}{(x^2 + 3)^2} \leq \frac{2}{9}$$

Mit k = 2/9 ist somit auch die Kontraktionsbedingung aus dem Banachschen Fixpunktsatz erfüllt. Die Funktion hat einen Fixpunkt im Intervall [0;1] und die mit obiger Iteration erzeugte Folge konvergiert gegen diesen Fixpunkt.

Wie wir zu Beginn des Kapitels gezeigt haben, wird durch das Newton – Verfahren eine spezielle Iterationsvorschrift geliefert:

$$x = g(x) = x - \frac{f(x)}{f'(x)} \ .$$

Wir können nun die Frage beantworten, welche Bedingungen die Funktion f erfüllen muß, damit das Newton – Verfahren konvergiert.

Für die Funktion f liege im Intervall [a,b] ein Vorzeichenwechsel vor, d.h.

$$f(a) \cdot f(b) < 0.$$

Setzen wir weiter voraus, daß $f'(x) \neq 0$ für alle $x \in [a,b]$, so hat f im Intervall genau eine Nullstelle x, da f entweder monoton steigend oder fallend ist. Die Funktion g hat genau einen Fixpunkt x im Intervall [a,b].

Gilt für die Funktion die Bedingung, daß es ein k < 1 gibt, so daß für alle $x \in [a,b]$

gilt

$$|g'(x)| < k, \qquad\qquad (1.15)$$

dann erfüllt g auf jeden Fall die Kontraktionsbedingung des Banachschen Fix-punktsatzes.

Ist f zweimal differenzierbar in [a,b], dann ist g in [a,b] differenzierbar und es gilt:

$$g'(x) = \frac{f(x)\, f''(x)}{(f'(x))^2} \cdot$$

Bedingung (1.15) kann ersetzt werden durch

$$\frac{f(x)\, f''(x)}{(f'(x))^2} < k < 1 \, ,$$

und ist sie erfüllt, konvergiert die durch das Newton – Verfahren erzeugte Itera-tionsfolge (x_n) gegen die Nullstelle der Funktion f.

Gegeben sei die Funktion

$$f(x) = x^3 + 3x - 1.$$

Im Intervall [0;1] gilt:

$$f(0)\cdot f(1) = -1\cdot 3 < 0.$$

Es gilt

$$f'(x) = 3x^2 + 3 > 0$$

für alle $x \in [0;1]$, d.h. f ist streng monoton steigend und besitzt in [0;1] genau eine Nullstelle.

Die mit dem Newton – Verfahren erzeugte Iterationsfolge

$$x_{n+1} = x_n - \frac{f(x_n)}{f'(x_n)}$$

konvergiert gegen die Nullstelle, denn es gilt

$$\left| \frac{f(x)\, f''(x)}{(f'(x))^2} \right| = \left| \frac{(x^3 + 3x - 1)\, 6x}{9(x^2 + 1)^2} \right|$$

$$= \frac{2}{3} \cdot \frac{|x^3 + 3x - 1|}{(x^2 + 1)^2} \leq \frac{2}{3} \, ,$$

denn

$$\frac{|x^3 + 3x - 1|}{(x^2 + 1)^2} < 1,$$

wie sich durch Fallunterscheidung nachweisen läßt.

Wenn das Newton – Verfahren konvergiert, dann von zweiter Ordnung [9].

Wir nehmen noch einmal das Beispiel aus Kapitel 1.2.1, S. 85 auf. Gesucht ist die Nullstelle der Funktion

$$f(x) = x^2 - 5.$$

Für einige Startwerte erhalten wir mit dem Programm zur Nullstellenberechnung mit dem Newton – Verfahren konvergente Iterationsfolgen, die einen Näherungswert für $\sqrt{5}$ liefern.

Um das Problem der Konvergenz genauer untersuchen zu können, übertragen wir die Suche nach einer Nullstelle von f auf die Fixpunktsuche einer Funktion g, die mit Hilfe des Newton – Verfahrens die folgende Form hat:

$$g(x) = \frac{1}{2} \left(x + \frac{5}{x} \right).$$

$g(x)$ bildet das Intervall [1;3] in [$\sqrt{5}$;3] ab, aber die Kontraktionsbedingung für den Banachschen Fixpunktsatz ist nicht erfüllt.

Für $x = 1$ und $y = 1.5$ gilt nämlich

$$\frac{|g(x) - g(y)|}{|x - y|} = \frac{\left|3 - \frac{29}{6}\right|}{|1 - 1.5|} = \frac{11}{3} > 1.$$

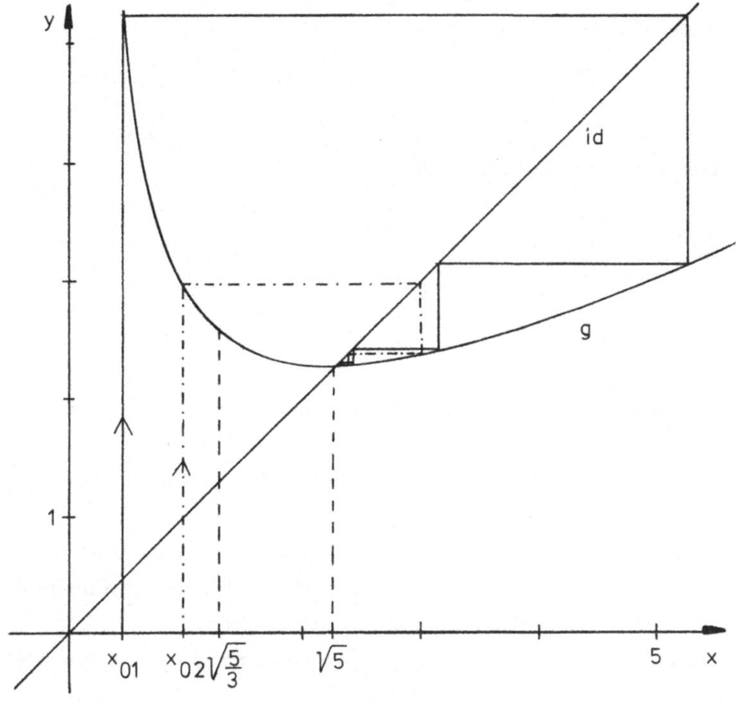

Abb. 1.23

Dennoch konvergiert das Verfahren, auch wenn wir z.B. mit $x = 1$ starten. Der nächste iterierte Wert fällt nämlich in den Konvergenzbereich des Verfahrens:

$$x_1 = g(1) = 3.$$

Konvergenzbereiche für das Verhalten sind die abgeschlossenen Intervalle $[\sqrt{5/3}\, ;b]$ mit $b > \sqrt{5}$.

Es ist anschaulich klar und kann leicht nachgewiesen werden, daß alle derartigen Intervalle in sich abgebildet werden.

Außerdem gilt für alle $x \in [\sqrt{5/3}\, ;b]$ $(b > \sqrt{5})$

$$g'(x) = \frac{1}{2}\, \frac{x^2 - 5}{x^2} < 1,$$

denn

1. $x^2 - 5 < 2x^2$ ist wahr für alle $x \in [\sqrt{5/3}\, ;b]$

2. $-x^2 + 5 < 2x^2$ ist wahr für alle $x \in [\sqrt{5/3}\, ;b]$.

Wählen wir einen Startwert $x_0 \in \mathbb{R}^+$, so ist

$$x_1 = g(x_0) > \sqrt{\tfrac{5}{3}} \, .$$

Dies zeigen einige wenige Umformungen

$$\tfrac{1}{2} \, (x_0 + \tfrac{5}{x_0}) > \sqrt{\tfrac{5}{3}}$$

$$x_0^2 + 5 > 2x_0 \sqrt{\tfrac{5}{3}} \, .$$

Mit Hilfe der quadratischen Ergänzung erhalten wir

$$(x_0 - \sqrt{\tfrac{5}{3}})^2 + \tfrac{10}{3} > 0 \, .$$

Diese Aussage ist wahr für alle $x_0 \in \mathbb{R}^+$.

Das bedeutet, daß das Iterationsverfahren gegen die Nullstelle der Funktion f konvergiert unabhängig von dem gewählten, positiven Startwert.

In Kapitel 1.2.1 haben wir bereits den Zusammenhang zwischen dem Newton-Verfahren für

$$f(x) = x^2 - a \quad (a \in \mathbb{R}^+)$$

und dem Heron-Verfahren zur Quadratwurzelbestimmung aufgezeigt, mußten allerdings den Konvergenzbeweis schuldig bleiben. Dies haben wir jetzt nachgeholt.

1.2.3 Extremwertsuche mit Nebenbedingungen

Aufgaben der Analysis, in denen relative Maxima oder Minima von Funktionen gesucht werden, gehören zu den Standardanwendungen der Differentialrechnung.

Im lokalen Extremum sind die erste Ableitung Null und die zweite Ableitung verschieden von Null. Natürlich könnte ein Computerprogramm hier die Ableitung z.B. über zentrale Differenzenquotienten

$$y'(x) = f'(x) \approx \frac{f(x+h) - f(x-h)}{2h}$$

für kleines h ermitteln und ihre Nullstellen suchen. Die numerische Berechnung von Ableitungen über Differenzenquotienten ist allerdings recht ungünstig, wie in Kapitel 4 dargestellt wird. Deshalb ziehen wir Suchprogramme vor, welche den Monotoniewechsel der Funktion in einer geeigneten Umgebung des lokalen Extremwertes ausnutzen.

Wir wollen dies an einem Beispiel zeigen:
Welche Maße hat die rechteckige Scheibe mit größtem Flächeninhalt, die sich aus dem oberen Parabelsegment ACD (Abb. 1.24) herausschneiden läßt?

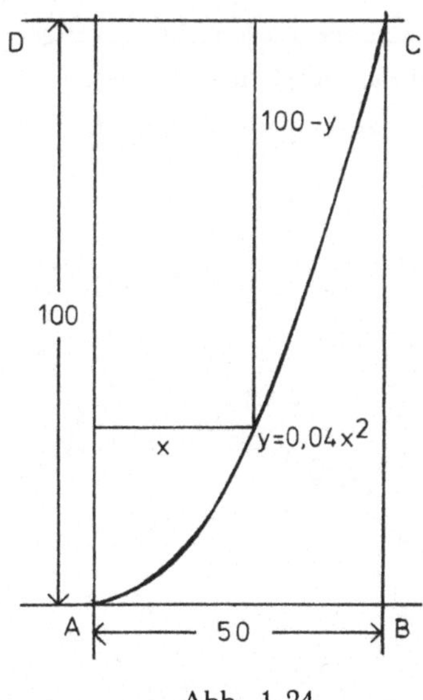

Abb. 1.24

Die Geometrie des Problems führt auf die Hauptbedingung

$$A = x \, (100 - y),$$

sowie die Nebenbedingung

$$y = 0.04 \, x^2.$$

Wir müssen allerdings ein sinnvolles Suchintervall für y bzw. A_{max} festlegen.
Aus der Zeichnung ergibt sich unmittelbar:

$$0 < x < 50.$$

Die Berechnungen von A und y werden im Programm von Funktionsprozeduren vorgenommen. Sie unterscheiden sich kaum von der mathematischen Notation:

```
REAL PROC flaeche (REAL CONST x):
  x * (100.0 - y(x))
END PROC flaeche;

REAL PROC y (REAL CONST x):
  0.04 * x * x
END PROC y;
```

Der einfache Grundgedanke des Suchalgorithmus sagt, daß mit einer bestimmten Anfangsschrittweite 'schritt' solange nach rechts gegangen wird, wie sich die Fläche, die zunächst auf Null initialisiert wird, noch vergrößern läßt. Wenn das nicht mehr geht, gehen wir zwei Schritte zurück und beginnen eine neue Suche mit halbierter Schrittweite.

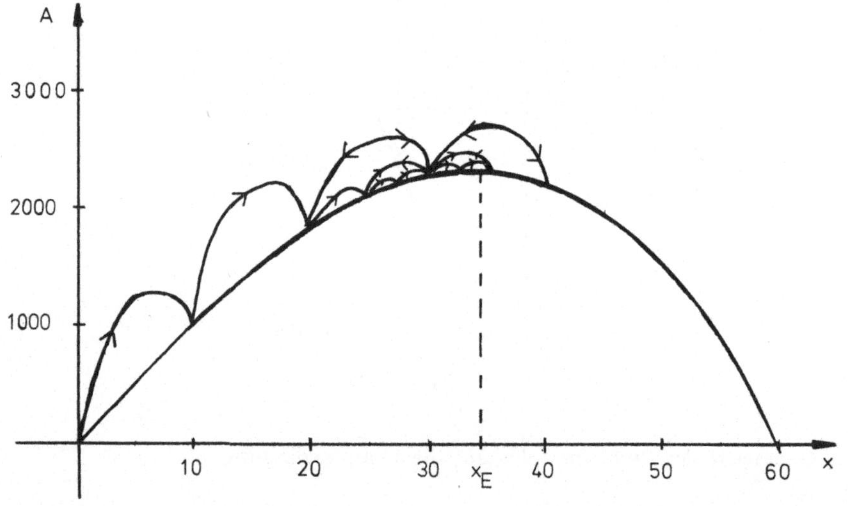

Abb. 1.25

Die Anfangsschrittweite wird so gewählt, daß kein zweites Extremum innerhalb der doppelten Anfangsschrittweite liegen kann. Das Verfahren bricht ab, wenn sich angesichts der REAL – Darstellung für 'schritt' keine Verbesserung mehr ergibt.

Programm für eine Extremwertsuche mit Nebenbedingungen

– in ELAN:

```
initialisiere die suche;
```

```
REPEAT
  durchlaufe suchschleife;
  halbiere schrittweite
UNTIL schritt < 0.0001
END REPEAT;
ausgabe.

initialisiere die suche:
  REAL VAR x :: 0.0, flaecheninhalt :: 0.0,
          schritt :: 1.0, vergleichswert.

durchlaufe suchschleife:
  REPEAT
    x INCR schritt;
    vergleichswert := flaeche (x);
    IF vergleichswert > flaecheninhalt
      THEN
        flaecheninhalt := vergleichswert
      ELSE
        x DECR (2.0 * schritt);
        flaecheninhalt := flaeche (x);
        LEAVE durchlaufe suchschleife
    FI
  UNTIL x > 50.0
  END REPEAT.

halbiere schrittweite:
  schritt := schritt/2.0.

ausgabe:
  put ("Das Ergebnis lautet:");
  line;
  put ("Groesste Flaeche bei x =");
  put (x);
  line;
  put ("Die zugehoerige Flaeche betraegt:");
  put (flaeche (x)).
```

– in BASIC:

```
10: REM EXTREMWERTSUCHE
20: LET X=0, A1=0, H=1
30: X=X+H
40: IF X>50 THEN 70
50: Y=0.04*X*X: A2=X*(100-Y)
60: IF A2>A1 THEN LET A1=A2: GOTO 30
```

```
 70: X=X-2*H: H=H/2
 80: IF H<0.0001 THEN 100
 90: Y=0.04*X*X: A1=X*(100-Y): GOTO 30
100: PRINT "AMAX"; A2: PRINT "BEI"; X
110: END
```

Das Programm liefert den Wert

$$x = 28.86751$$

mit dem maximalen Flächeninhalt

$$A = 1924.501.$$

Wir rechnen nach:

$$A = x \, (100 - 0.04x^2)$$

$$A' = 100 - 0.12x^2$$

$$x^2 = \frac{100}{0.12} = 833.3$$

$$x = 28.8675$$

Das Programm läßt sich leicht allgemeiner schreiben. Wenn kompliziertere oder mehrere Nebenbedingungen vorhanden sind, erweist es seinen Wert.

Übungen:

1. Verändern Sie das Programm für den Fall, daß ein flächengrößtes Rechteck aus dem unteren Parabelsegment herausgeschnitten werden soll.

2. Verändern Sie das Programm für eine Minimumsuche mit einer Nebenbedingung, die die triviale Lösung ausschließt.

3. Eine Buchseite soll mit einer bestimmten Anzahl von Buchstaben bedruckt werden. Der Abstand des Textes vom Rand soll überall gleich groß sein.
Wie sind die Abmessungen zu wählen, damit der Papierverbrauch minimal ist?

4. Die Stadt A liegt an einer Bahnlinie, die Stadt B 350 km von der Bahnlinie entfernt. Der Punkt der Bahnlinie, der die geringste Entfernung zur Stadt B hat, ist wiederum 500 km von A entfernt.
Da sehr häufig Güter von B nach A befördert werden müssen, soll eine Verbindung zwischen A und B gebaut werden. Die Transportkosten bei Straßenbenutzung betragen 280 DM/km, bei Eisenbahnbenutzung 210 DM/km.

In welcher Entfernung von A muß ein Güterbahnhof gebaut werden, damit die Transportkosten minimal sind, vorausgesetzt, daß die Straßenführung beliebig gewählt werden kann?

5. Die Seitenwand eines Gebäudes soll durch einen Balken abgestützt werden, der über eine 10m hohe, zur Wand parallele Mauer gelegt werden muß. Diese ist 8m vom Gebäude entfernt.
Wie lang ist der kürzeste Balken, den man benutzen muß.

1.2.4 Extremwertsuche bei unimodalen Funktionen einer Veränderlichen

Für die Suche nach einem Extremum unimodaler Funktionen, d.h. solcher Funktionen, die im Definitionsbereich bzw. Untersuchungsbereich genau ein lokales Extremum besitzen, gibt es unterschiedlich effiziente Verfahren. Wir beschränken uns hier auf den Vergleich von zwei Verfahren und untersuchen ein drittes in einer Übung. In allen drei Fällen ergeben sich einfache und lehrreiche Effizienzvergleiche.

Ohne Einschränkung der Allgemeinheit beziehen wir uns auf die Untersuchung eines Maximums im Definitionsbereich [0;1].

1. Suche durch äquidistante Intervalldrittelung:

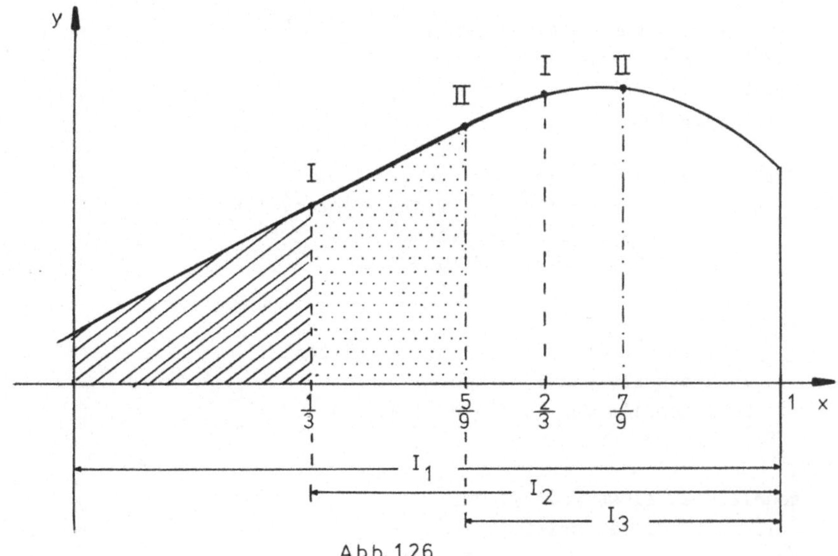

Abb. 1.26

Bei diesem Verfahren wird das Intervall in drei gleiche Teile geteilt. Ist $f(1/3) < f(2/3)$ kann – wie in der Abbildung – das linke Drittel verworfen werden; sonst wird das rechte Drittel verworfen. Auf diese Weise reduziert sich das Intervall bei jeder Iteration auf 2/3 des vorigen Intervalls.

Programm zur Bestimmung eines Extremums der Funktion

$$f(x) = 1 - (x - 0.5)^2$$

– in ELAN:

```
REAL PROC f (REAL CONST x):
  1.0-(x-0.5)*(x-0.5)
END PROC f;

eingabe des abbruchkriteriums;
REAL VAR links :: 0.0, rechts :: 1.0;
REPEAT
  REAL VAR intervall :: rechts - links;
  drittele das intervall;
  vergleiche
UNTIL abs (rechts - links) < epsilon
END REPEAT;
gib die loesung aus.

eingabe des abbruchkriteriums:
  REAL VAR epsilon;
  put ("Epsilon?");
  get (epsilon).

drittele das intervall:
  REAL VAR erstes drittel :: links + intervall/3.0,
           zweites drittel ::links +
           2.0 * intervall/3.0.

vergleiche:
  IF f(erstes drittel) < f(zweites drittel)
    THEN schalte das linke drittel aus
    ELSE schalte das rechte drittel aus
  FI.

schalte das linke drittel aus:
  links := erstes drittel.
```

```
schalte das rechte drittel aus:
  rechts := zweites drittel.

gib die loesung aus:
  put ("Loesung:");
  put ((links + rechts)/2.0);
  put (f((links + rechts)/2.0)).
```

– in BASIC:

```
 10: REM EXTREMWERTSUCHE
 20: LET R=1, L=0
 30: LET I=R-L
 40: X1=L+I/3: X2=L+2*I/3
 50: F1=1-(X1-0.5)**2: F2=1-(X2-0.5)**2
 60: IF F1<F2 THEN LET L=X1: GOTO 80
 70: R=X2
 80: IF ABS (R-L)>=0.00001 THEN 30
 90: LET X=(L+R)/2: PRINT X: PRINT 1-(X-0.5)**2
100: END
```

Als Lösung ergibt sich $x = 0.5$ mit $f(x) = 1$.

Bezeichnen wir mit I_n die Länge des n–ten Intervalls, mit N die Zahl der Funktionsaufrufe und mit n die Zahl der Iterationen, so gilt für die Intervalldrittelung

$$I_n = (\tfrac{2}{3})^n; \quad N = 2n = -4.95 \ln I_n$$

und für die effektive Intervallviertelung aus der Übung (S. 116)

$$I_n = 0.5^n; \quad N = 2n + 1 = 1 - 2.89 \ln I_n.$$

Wenn wir ein Endintervall der Länge 0.000001 anstreben, sind im ersten Fall 69 Funktionsaufrufe nötig und im zweiten Fall nur 39.

2. Suche durch Teilung des Intervalls nach dem Goldenen Schnitt:

Noch effizienter werden Suchen, welche nicht mehr äquidistante Teilungspunkte wählen, darunter die Goldene–Schnitt–Methode und die Fibonacci–Methode. Wir stellen die erste Methode vor.

Startintervall ist $I_0 = [0;1]$. Dieses wird nach dem Goldenen Schnitt in

$$I_0 = I_{0,1} \cup I_{0,2}$$

geteilt. Dabei gilt für die Längen

$$\frac{I_{0,1}}{I_{0,2}} = \frac{I_{0,2}}{I_0}$$

und

$$I_{0,1} + I_{0,2} = I_0 = 1.$$

Es folgt

$$I_{0,1}^2 + I_{0,1}\, I_{0,2} = I_{0,2}^2$$

oder

$$\frac{I_{0,1}^2}{I_{0,2}^2} + \frac{I_{0,1}}{I_{0,2}} = 1,$$

also

$$\frac{I_{0,1}}{I_{0,2}} = -\frac{1}{2} + \frac{1}{2}\sqrt{5} \approx 0.618 =: q$$

und somit auch

$$\frac{I_{0,2}}{I_0} \approx 0.618 \qquad \text{(vgl. Abb. 1.27)}$$

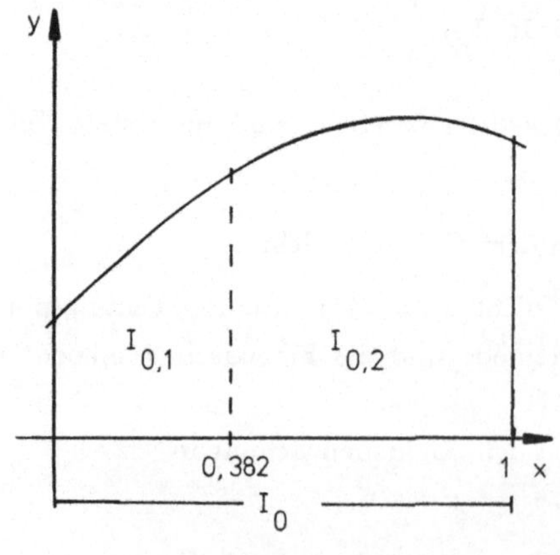

Abb. 1.27

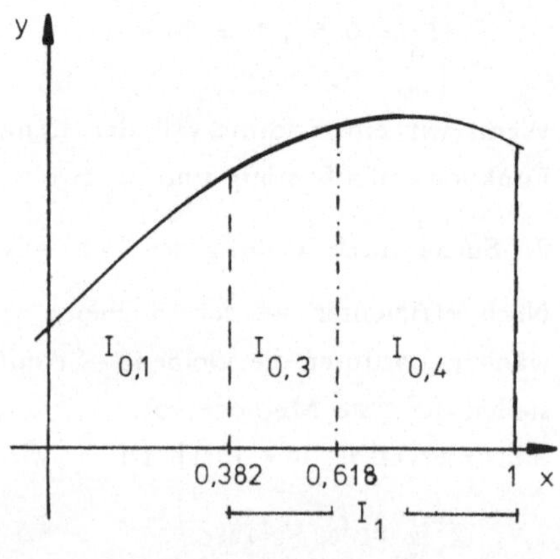

Abb. 1.28

Der zweite Teilungspunkt wird symmetrisch zur Mitte von I_0 gewählt, also $0.618 = 1 - 0.382$. (vgl. Abb. 1.28)

Genau wie bei der Intervalldrittelung wird eines der beiden Randintervalle verworfen und die beiden restlichen Intervalle bilden zusammen I_1. Analog erfolgt der Schritt von I_n auf I_{n+1}.

Die zwei Unterteilungsstellen werden wieder symmetrisch zur Mitte des jeweiligen Grundintervalls gewählt, und zwar die linke Unterteilungsstelle 'arg l' durch die Vorschrift

```
rechte grenze - q * intervallaenge ,
```

die rechte entsprechend der geforderten Symmetrie.

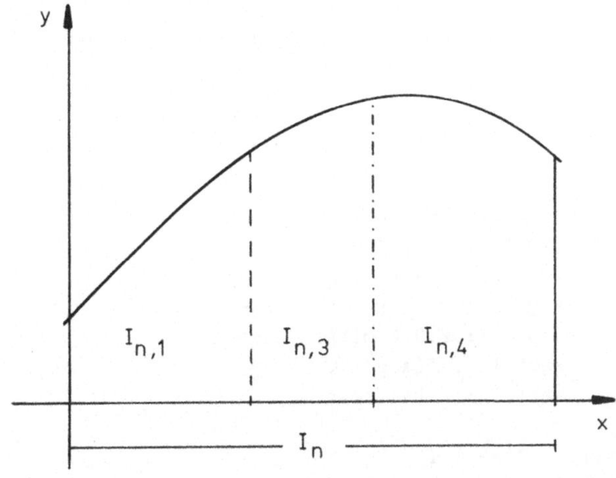

Abb. 1.29

Wiederum wird der linke (in der Abbildung schraffierte) Teilbereich verworfen, wenn $f(\text{arg l}) < f(\text{arg r})$. Bei der Fortsetzung des Verfahrens ergibt sich, daß nur ein weiterer Funktionswert berechnet werden muß:

Für den ersten Durchgang gilt:

```
arg l = 1 - (0.5(√ 5  - 1))·1
arg r = 0.5 (√ 5  - 1)
```

Für den zweiten Durchgang gilt:

$$\text{arg l} = 1 - (0.5\,(\sqrt{5} - 1))^2$$

$$= 0.5\,(\sqrt{5} - 1),$$

so daß das linke Argument im zweiten Durchgang mit dem rechten Argument des ersten zusammenfällt. Diese Beziehung gilt allgemein, so daß erheblich weniger Funktionsaufrufe notwendig werden.

Es gilt

$$I_n = 0.618^n \; ; \; N = n+1 = 1 - 2.08 \ln I_n.$$

Für I = 0.000001 benötigen wir nur noch 30 Funktionsaufrufe.

Programm zur Bestimmung eines Maximums mit Hilfe einer Teilung nach dem Goldenen Schnitt

– in ELAN:

```
eingabe des abbruchkriteriums;
REAL VAR links :: 0.0, rechts :: 1.0,
         faktor :: (sqrt(5.0) - 1.0)/2.0,
         arg l :: rechts - faktor * intervall,
         arg r :: 2.0 * mitte - arg l,
         wert l :: f(arg l),
         wert r :: f(arg r);
REPEAT
  IF wert r > wert l
    THEN links := arg l;
         wert l := wert r;
         arg l := arg r;
         arg r := 2.0 * mitte - arg l;
         wert r := f(arg r)
    ELSE rechts := arg r;
         wert r := wert l;
         arg r := arg l;
         arg l := 2.0 * mitte - arg r;
         wert l := f(arg l)
  FI
UNTIL abs(links - rechts) < epsilon
END REPEAT;
ausgabe.
```

```
intervall:
  rechts - links.

mitte:
  (rechts + links)/2.0.

eingabe des abbruchkriteriums:
  REAL VAR epsilon;
  put ("Epsilon?");
  get (epsilon).

ausgabe:
  put ("Resultat x =");
  put ( mitte);
  put ("y =");
  put (f(mitte)).
```

Man sieht deutlich, daß in der Schleife des Hauptprogramms nur noch je Alternative ein einziger Funktionsaufruf vorkommt.

Da diese Suchverfahren weder die Differenzierbarkeit, noch die Stetigkeit der Funktion voraussetzen, kann man zum Testen die folgende Funktionsprozedur verwenden:

```
REAL PROC f (REAL CONST x):
  IF x <= 0.4
    THEN 0.5 * x
    ELSE 1.0 - x
  FI
END PROC f;
```

wo sich der größte Wert für $x = 0.4$ (im ELSE – Teil) einstellen muß.

– in BASIC:

```
 10: REM EXTREMWERTSUCHE
 20: LET R=1, L=0, Q=(SQRT(5)-1)/2
 30: LET I=R-L, X2=2*M-X1
 40: X=X1: GOSUB "F": LET F1=F
 50: X=X2: GOSUB "F": LET F2=F
 60: IF F2>F1 THEN GOSUB "A": GOTO 80
 70: GOSUB "B"
 80: IF ABS (L-R)>=0.001 THEN 60
 90: PRINT M: X=M: GOSUB "F": PRINT F
100: END
```

```
200: "F": IF X<=0.4 THEN LET F=0.5*X: GOTO 220
210: F=1-X
220: RETURN

300: "A": L=X1: F1=F2: X1=X2: M=(R+L)/2: X2=2*M-X1
310: X=X2: GOSUB "F": F2=F
320: RETURN

400: "B": R=X2: F2=F1: X2=X1: M=(R+L)/2: X1=2*M-X2
410: X=X1: GOSUB "F": F1=F
420: RETURN
```

Laufzeitenunterschiede wegen der unterschiedlichen Zahl der Funktionsaufrufe ergeben sich natürlich erst bei komplizierten Funktionen.

Übung:

Eine ähnliche, jedoch effizientere Suche ergibt sich, wenn das Intervall geviertelt wird, beim ersten Durchgang also Funktionswerte $f(0.25)$, $f(0.5)$, $f(0.75)$ untersucht werden. Diejenige Hälfte des ursprünglichen Intervalls, die um die Stelle mit dem höchsten Funktionswert zentriert ist, wird als Intervall für den zweiten Durchgang gewählt. Angenommen, das wäre die Stelle 0.75. Dann heißen die neuen Intervallgrenzen 0.5 und 1, das neue Intervall hat die Länge 0.5, die neuen Unterteilungen heißen 0.625, 0.75 und 0.875. Der Funktionswert von 0.75 kann im nächsten Schritt übernommen werden. So soll fortgefahren werden.

1.2.5 Numerische Differentiation

Bei vielen Problemen ist es nicht möglich, Ableitungsterme explizit einzugeben. Dies ist vor allen Dingen dann der Fall, wenn aus einer Reihe von Meßwerten auf den Wert der ersten Ableitung an einer Stelle geschlossen werden soll.
Es besteht nun die Möglichkeit, die gegebenen Werte zu interpolieren und den mit Hilfe der Lagrange – oder Newton – Formel gefundenen Term zu differenzieren. Da alle Koeffizienten des Interpolationspolynoms bestimmt werden müssen, kann das Verfahren recht aufwendig sein.
Eine andere Möglichkeit ist es, durch die gegebenen Punkte eine Ausgleichskurve zu legen und diese zu differenzieren. In beiden Fällen werden Funktionen bestimmt, die Näherungskurven für die erste Ableitung sind.
Wir wollen uns ein Verfahren ansehen, das geeignet ist, den Wert der ersten Ableitung an einer Stelle zu bestimmen.

Wird die Ableitung einer Funktion an einer Stelle x_0 entweder durch den Differenzenquotienten

$$\frac{f(x_0 + h) - f(x_0)}{h}$$

oder durch den zentralen Differenzenquotienten

$$\frac{f(x_0 + h) - f(x_0 - h)}{2h} \qquad (1.16)$$

approximiert, so können wir die Richardson – Extrapolation verwenden, um einen verbesserten Näherungswert für $f'(x_0)$ zu finden.

Dies ist dem sukzessiven Verkleinern von h und Neuberechnen der Differenzenquotienten vorzuziehen, da dabei bald Rundungsfehler überwiegen (vgl. Kapitel 5).

Bezeichnen wir mit $L_x(h)$ den zentralen Differenzenquotienten, so gilt

$$f'(x) = L_x(h) + R_x(f),$$

wobei $R_x(f)$ den entstehenden Fehler beschreibt. Ist die Funktion f an der Stelle x_0 differenzierbar, so strebt die Funktion R_x für $h \to 0$ auch gegen Null. Mit Hilfe des Satzes von Peano ([10], S. 172) kann der Fehler abgeschätzt werden.

Betrachten wir ein Beispiel.

Gegeben sei die Funktion $f(x) = \ln x$. Wir suchen den Wert der Ableitung an der Stelle $x_0 = 1$.

Der zentrale Differenzenquotient hat die Form

$$L_1(h) = \frac{\ln(1+h) - \ln(1-h)}{2h} \; .$$

Wir extrapolieren die Funktion mit Hilfe der Richardsonschen Extrapolationsformel (1.12) auf $h = 0$. Für h wählen wir die Rombergfolge

$$h, \frac{h}{2}, \frac{h}{4}, \ldots, 2^{-j}h.$$

Die Rekursionsformel lautet dann

$$b_{j,k} = b_{j,k-1} + \frac{1}{2^k - 1}\left(b_{j,k-1} - b_{j-1,k-1}\right)$$

Es ergibt sich das folgende Schema

i	h	$L_1(h)$	$b_{i,1}$	$b_{i,2}$	$b_{i,3}$	$b_{i,4}$
0	0.5	1.09861				
1	0.25	1.02165	0.94469			
2	0.125	1.00525	0.98885	1.00357		
3	0.0625	1.00131	0.99737	1.00021	0.99973	
4	0.03125	1.00033	0.99935	1.00001	0.99998	1.00000

Selbstverständlich würde es auch genügen, ausschließlich die Entwicklung von $L_1(h)$ für $h \to 0$ zu betrachten.

Es sprechen jedoch zwei Gründe dagegen.

1. Das Verfahren konvergiert langsamer.

2. Das Verfahren ist numerisch instabil.

3. Für die Berechnung der Werte von L sind immer 2 Funktionswertberechnungen notwendig, während für die weiteren Spalten des Schemas nur Additionen und eine Division benötigt werden.

   Da Berechnungen von Funktionswerten in der Regel zeitaufwendig sind, erreichen wir mit dem Richardsonschen Extrapolationsschema schneller eine vergleichbare Approximationsgüte.

Mit Hilfe der Taylorentwicklung läßt sich zeigen, daß die

Funktion $R_x(f)$ eine Potenzreihenentwicklung in h^2 hat ([10], S. 233). Deshalb ist es möglich, in der Entwicklung von $L_x(h)$ den Parameter h^2 einzuführen.

Die Richardsonsche Extrapolationsformel lautet dann

$$b_{j,k} = b_{j,k-1} + \frac{h_j^2}{h_{j-k}^2 - h_j^2}\,(b_{j,k-1} - b_{j-1,k-1})$$

oder, wenn für h_j eine Rombergfolge vorliegt

$$b_{j,k} = b_{j,k-1} + \frac{1}{4^k - 1}\,(b_{j,k-1} - b_{j-1,k-1})\ .$$

Bei der normalen Extrapolation gehen wir von $n + 1$ Werten der Funktion L aus und einem zugehörigen Interpolationspolynom p(h) vom Grade n. Durch die Einführung des Parameters h erhalten wir für die $n + 1$ Werte ein Interpolationspolynom vom

Grade n in h^2, bzw. vom Grade 2n in h.

Im folgenden Programm wollen wir Formel (1.17) verwenden und das veränderte Verhalten des Extrapolationsschemas für unser Beispiel betrachten.

Programm zur numerischen Differentiation mit Hilfe der Richardson – Extrapolation

– in ELAN:

```
        PROC richardson (REAL CONST start, schritt,
                         REAL PROC (REAL CONST)f):

    deklariere die notwendigen variablen;
    berechne das schema;
    ausgabe.

    deklariere die notwendigen variablen:
      ROW 10 ROW 10 REAL VAR schema;
      INT VAR zeile, spalte;
      REAL VAR h :: schritt.

    berechne das schema:
      berechne und drucke den ersten funktionswert;
      FOR zeile FROM 2 UPTO 10
      REPEAT
        berechne und drucke den wert der ersten spalte;
        FOR spalte FROM 2 UPTO zeile
        REPEAT
          schema [zeile][spalte] :=
           schema [zeile][spalte-1]
           + (schema [zeile] [spalte-1]
           - schema [zeile-1][spalte-1])/(4.0**(spalte-1)
           -1.0);
          put (schema [zeile][spalte])
        END REPEAT;
        line;
        pruefe abbruch;
      END REPEAT.

    berechne und drucke den ersten funktionswert:
      put (h);
      schema [1][1] := (f(start+h) - f(start-h))/(2.0*h);
      put (schema [1][1]);
      line .
```

```
berechne und drucke den wert der ersten spalte:
  h := h/2.0;
  put (h);
  schema [zeile][1] :=
          (f(start + h) - f(start-h))/(2.0*h);
  put (schema [zeile][1]).

pruefe abbruch:
  IF fehlergrenze unterschritten
    THEN LEAVE berechne das schema WITH ausgabe FI.

fehlergrenze unterschritten:
  abs(schema [zeile][zeile] -
      schema [zeile-1][zeile-1]) < 0.0001.

ausgabe:
  put ("Der Naeherungswert lautet:");
  put (schema [zeile][zeile]).

END PROC richardson;
```

Bei der Programmierung in ELAN muß, wie in Kapitel 1.1.5, berücksichtigt werden, daß die Indizierung des Schemas sowohl bei den Zeilen wie bei den Spalten mit 1 beginnt.

Das Schema wird zeilenweise erstellt und bricht ab, wenn zwei aufeinanderfolgende Werte der Diagonalen sich um weniger als 0.0001 unterscheiden.

Aufgerufen wird das Programm zur näherungsweisen Bestimmung von f'(1) für f(x) = ln x mit

```
'richardson (1.0,0.5, PROC ln).
```

– in BASIC:

```
10: REM NUMERISCHE DIFFERENTIATION
20: DIM K(10,10)
30: INPUT "STARTWERT",X:
    INPUT "SCHRITTWEITE", H
40: K(0,0)=(LN(X+H)-LN(X-H))/(2*H)
50: FOR I=1 TO 10
60:   H=H/2:
      K(I,0)=(LN(X+H)-LN(X-H))/(2*H)
70:   FOR J=1 TO I
80:     K(I,J)=K(I,J-1)+(K(I,J-1)-K(I-1,J-1))
              /(4**J-1):
      NEXT J
90:   IF ABS(K(I,I)-K(I-1,I-1))<0.0001 THEN 110
```

```
100: NEXT I
110: PRINT K(I,I)
120: END
```

Wir erhalten das folgende Schema:

```
.5      1.098612
.25     1.021651 9.959976e-1
.125    1.005258 9.997932e-1 1.000046
.0625   1.001305 9.999876e-1 1.000001 9.999999e-1
```

```
Der Naeherungswert lautet: 9.999999e-1.
```

Ein weiterer Ansatz für die numerische Differentiation ist die Idee, eine Funktion f an den Stellen $x-h$, x, $x+h$ ($h \neq 0$) zu interpolieren und die Ableitung des Interpolationspolynoms an der Stelle x als Näherungswert für $f'(x)$ zu verwenden. Wir werden sehen, daß dieser Ansatz zu keinem neuen Ergebnis führt.

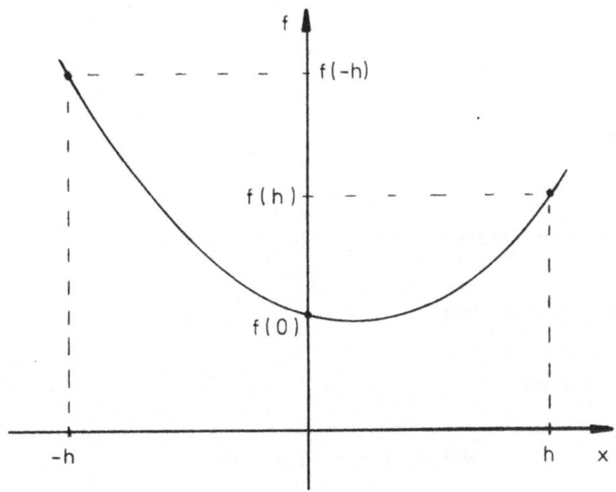

Abb. 1.30

Der Einfachheit halber wählen wir $x \neq 0$ und erhalten als Stützpunkte für die Interpolation

$$(-h;f(-h)), \quad (0;f(0)); \quad (h;f(h)).$$

Mit Hilfe der Lagrange – Formel erhalten wir

$$p(x) = f(-h)\, L_0(x) + f(0)\, L_1(x) + f(h)\, L_2(x)$$

$$= \frac{f(-h) - 2f(0) + f(h)}{2h^2}\, x^2 + \frac{f(h) - f(-h)}{2h}\, x + f(0)$$

und somit die erste Ableitung

$$p'(x) = \frac{f(-h) - 2f(0) + f(h)}{2h^2}\, x + \frac{f(h) - f(-h)}{2h}.$$

Es gilt

$$p'(0) = \frac{f(h) - f(-h)}{2h}.$$

Der Wert der ersten Ableitung des Interpolationspolynoms an der Stelle $x = 0$ stimmt mit dem zentralen Differenzenquotienten (1.16) überein. Die Wiederholung der Überlegungen für eine beliebige Stelle x_0 führen zu demselben Ergebnis.

Übungen:

1. Gegeben sei die Funktion

$$f(x) = e^x.$$

Berechnen Sie mit Hilfe numerischer Differentiation $f'(1)$.

2. Gegeben sei die Funktion

$$f(x) = \cos x.$$

Bestimmen Sie einen Näherungswert für $f'(0.8)$.

3. Gegeben ist die folgende Tabelle einer Funktion

x	f(x)
0.6	1.820365
0.8	1.501258
0.9	1.327313
1.0	1.143957
1.1	0.951849
1.2	0.752084
1.4	0.335920

Berechnen Sie näherungsweise $f'(1)$.

4. Schreiben Sie ein Programm, das gegebene, äquidistante Stützpunkte interpoliert (nach Lagrange oder Newton) und dann die 1. Ableitung an einer Stelle x näherungsweise über die Ableitung der Interpolationspolynome bestimmt.

1.3 Integralrechnung

Nicht nur für die Berechnung von Flächen und Volumina, sondern für Bogenlängen und vielfältige Anwendungen – Schwerpunkte, Trägheitsmomente, Arbeit, Impuls u.a. – sind Integrationen notwendig. Sie führen oft auf schwierig auswertbare Integrale, gelegentlich auch auf solche, die sich prinzipiell nicht über elementare Funktionen auswerten lassen. Hier sollen Integrationen über numerische Verfahren helfen. Hinzu kommen noch jene Probleme, bei denen die zu integrierende Funktion nur über eine Wertetabelle von Stützpunkten – also als sogenannte empirische Funktion – gegeben ist.

1.3.1 Stochastische Integration

Wir beginnen mit einem Verfahren, das noch nicht zu den klassischen Methoden der numerischen Analysis gehört, aber in die Problemsituation einführen kann.

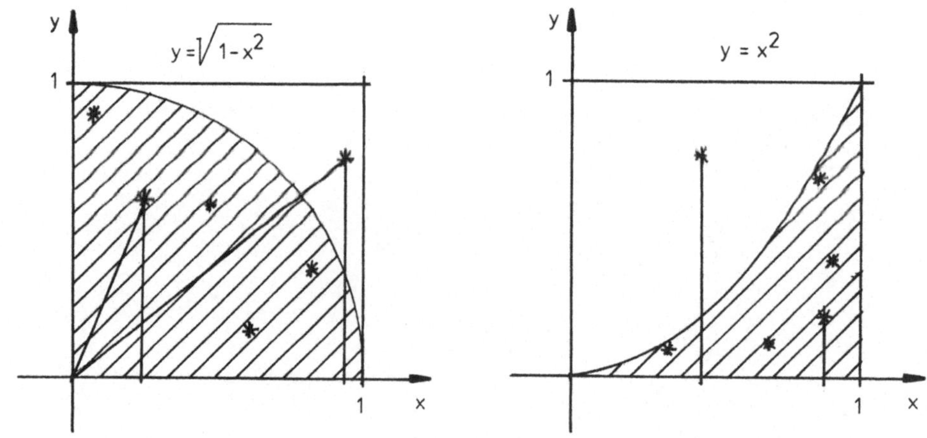

Abb. 1.31   Abb. 1.32

Die Abbildungen 1.31 und 1.32 weisen in gleicher Weise ein Einheitsquadrat auf. Abbildung 1.31 enthält einen einbeschriebenen Viertelkreis, Abbildung 1.32 eine Normalparabel. Die schraffierten Flächen sollen berechnet werden. Dazu lassen wir einen "Zufallsregen" auf das Einheitsquadrat fallen und ermitteln zählend den re–

lativen Anteil der auf die schraffierte Fläche fallenden Tropfen im Vergleich zu allen Tropfen. Ein Tropfen wird realisiert durch einen Punkt mit Koordinaten gleichverteilter Zufallszahlen aus dem Intervall [0;1].
Gilt für die Koordinaten nach dem Satz des Pythagoras

$$x^2 + y^2 \leq 1,$$

so liegt der Tropfen im Kreis und wird gezählt. Die Definition der Gleichverteilung bewirkt, daß sich dann die gesuchten Flächen näherungsweise ergeben müssen.

Programm zur Berechnung der Fläche aus Abbildung 1.31

– in ELAN:

```
initialisiere die situation;
FOR tropfenzahl FROM 1 UPTO 300
REPEAT
  erzeuge tropfen;
  IF tropfen innen
    THEN zaehle den tropfen; drucke den tropfen FI
END REPEAT;
berechne die flaeche.

initialisiere die situation:
  INT VAR tropfenzahl, innentropfen::0;
  page.

erzeuge tropfen:
  REAL VAR x::random, y::random.

tropfen innen:
  x*x + y*y <= 1.0.

zaehle den tropfen: innentropfen INCR 1.

drucke den tropfen:
  cursor (int(1.0 + 40.0 * x), int (1.0 + 16.0 * y));
  out ("*").

berechne die flaeche:
cursor(1,20);
put ("Die Flaeche betraegt");
put (real (innentropfen)/300.0).
```

Das Programm liefert neben der berechneten Flächenmaßzahl auch eine grobe Graphik auf einem Bildschirm von 24 x 80 Zeilen, wie das Refinement 'drucke den tropfen' ausweist.

Der Einsatz der Konversionsprozedur 'real' und 'int', die jeweils in den anderen Datentyp überführen, ist in einer Sprache, die zwischen diesen Typen trennt, notwendig. Die Prozedur 'cursor' positioniert die Schreibmarke, 'out' gibt ohne nachfolgendes blanc aus. Die Prozedur 'random' erzeugt eine gleichverteilte Zufallszahl als REAL zwischen 0 und 1, und zwar bei jedem Aufruf eine neue. Im Hauptprogramm wird eine zählergesteuerte Schleife eingesetzt. Zu Beginn muß die Summe auf Null initialisiert werden.

Für die Berechnung der Fläche aus Abbildung 1.32 muß die Bedingung 'tropfen innen' durch

$$y \leq x * x$$

ersetzt werden.

Soll durch das Programm die Fläche des Einheitskreises statt des Viertelkreises berechnet werden, so muß die letzte Anweisung in der Ausgabe – Prozedur durch die folgende Zeile ersetzt werden:

```
put (4.0 * real (innentropfen)/500.0)
```

- in BASIC:

```
10: REM ZUFALLSREGEN
20: RANDOM: LET S=0
30: FOR I=1 TO 300
40: LET X=RND (100)/100:
    LET Y=RND (100)/100
50: IF X*X+Y*Y<=1 THEN
       LET S=S+1
60: NEXT I
70: PRINT S/300
80: END
```

Für die Berechnung der Fläche des Vollkreises wird Zeile 70 ersetzt durch

```
70: PRINT S/75
```

Die Ergebnisse lassen sich leicht beurteilen, da sie näherungsweise π ergeben müssen. Lassen wir das Programm mit verschiedenen Tropfenzahlen je dreimal durchlaufen, so ergeben sich die folgenden Näherungen für die Kreiszahl π:

Gesamttropfenzahl	Näherungen für π			Laufzeit (ELAN)
300	3.013333	3.173333	3.066667	11 s
3000	3.186667	3.170667	3.168	116 s
30000	3.175067	3.174133	3.174267	1156 s

Abb.1.33

Die Tabelle verrät den Aufwand eines solchen Verfahrens und weist zugleich seine begrenzte Genauigkeit aus, die von der Güte des verwendeten Zufallsgenerators abhängt.

Will man z.B. die Fläche unter einem Halbbogen des Sinus – Funktion auf diese Weise berechnen, wird das Intervall für die gleichverteilte Zufallszahl entsprechend gedehnt:

```
x := pi * random.
```

Da das einschließende Rechteck hier den Flächeninhalt π anstelle von 1 für das Einheitsquadrat hat, muß zum Schluß der relative Anteil der Innentropfen mit π multipliziert werden. Entsprechend kann auch in komplizierten Fällen verfahren werden.

Tatsächlich werden stochastische Verfahren dieser Art bei mehreren Variablen mit Erfolg eingesetzt. Für den Oktanten einer Einheitskugel würde die Bedingung aus dem Satz des Pythagoras

```
x * x + y * y + z * z <= 1.0
```

mit drei gleichverteilten Zufallszahlen und für den sechszehnten Teil einer vierdimensionalen Hyperkugel

```
x * x + y * y + z * z + w * w <= 1.0
```

heißen.

Übungen:

1. Berechnen Sie mit Hilfe der Stochastischen Integration die Fläche unter der Geraden $y = x$ im Einheitsquadrat.

2. Bestimmen Sie die Fläche unter der Neillschen Parabel

$$y^2 = x^3$$

im Einheitsquadrat.

3. a) Geben Sie einen Näherungswert an für die Fläche unter der Funktion
$y = \tan x$ im Rechteck mit den Seiten $\pi/2$ und 100.
   b) Was ergibt sich, wenn die Länge der zweiten Seite gegen ∞ strebt?

4. Berechen Sie mit Hilfe der Stochastischen Integration die Fläche unter dem
Graphen zu

$$y = \sin^2 x$$

im Rechteck $\pi * 1$.

1.3.2 Sehnen – Trapez – Verfahren

Natürlich ließe sich ein Computerverfahren nachbilden, das genau der Riemann-
schen Definition des bestimmten Integrals entspricht. Eine entsprechende Approximation verläuft allerdings relativ langsam. Auch kann kein Computer damit den
Existenzbeweis erbringen, daß nämlich für alle denkbaren Verfeinerungen der Zerlegung in Rechteckssummen ein Grenzwert existiert.
Deshalb ersetzen wir die Funktionen 0. Grades, welche die Rechteckabschlüsse darstellen, zunächst durch lineare Funktionen. Aus den Rechtecken werden Trapeze .
Wollen wir das Integral einer Funktion f über dem Intervall [a,b] berechnen, so
zerlegen wir das Intervall in n äquidistante Teilintervalle. (Abb. 1.34)
Die zugehörigen Punkte $P_0,\ldots,$ P_n auf dem Graphen zu f werden paarweise durch
Geraden verbunden. Es entstehen n Trapeze mit der Höhe

$$h = x_i - x_{i-1} \; ; \qquad 0 \leq i \leq n$$

und der Mittelparallelen

$$\frac{(f(x_{i-1})) + f(x_i)}{2} \; ; \quad 0 \leq i \leq n.$$

Handelt es sich um eine äquidistante Teilung, so gilt für die Intervallbreiten

$$x_i - x_{i-1} = \frac{(b - a)}{n} \, ,$$

für den i – ten Teilungspunkt

$$x_i = \frac{a + i\,(b - a)}{n}$$

und somit für die Fläche des i – ten Trapezes

$$A_i = m \cdot h$$

$$= \frac{b-a}{n} \cdot \frac{f(a+(i-1)\frac{b-a}{n}) + f(a+i\,\frac{b-a}{n})}{2} \ .$$

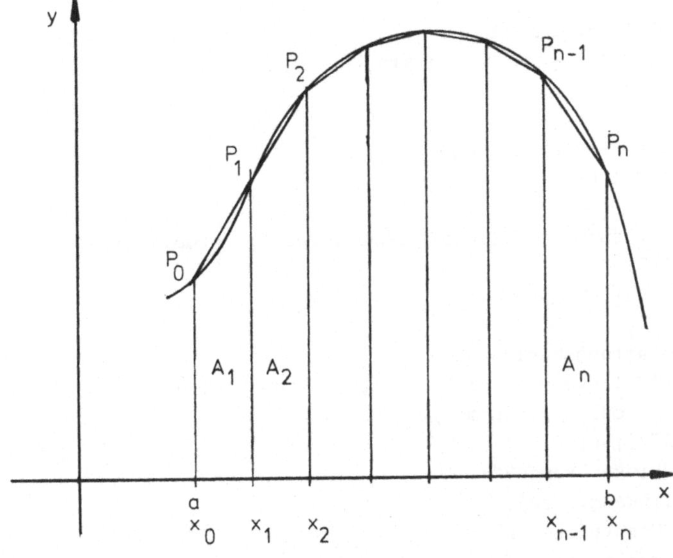

Abb. 1.34

Für die Berechnung der Gesamtfläche werden die Flächen der n Trapeze addiert:

$$A = \sum_{i=1}^{n} A_i$$

$$= \sum_{i=1}^{n} \frac{b-a}{2n} \ \left(f(a+(i-1)\frac{b-a}{n}) + f(a+i\frac{b-a}{n})\right)$$

$$= \frac{b-a}{2n} \ \left(f(a) - 2 \sum_{i=1}^{n-1} f(a+i\frac{b-a}{n}) + f(b)\right)$$

Führen wir für $(b - a)/n$ die Intervallbreite Δx ein, so gilt

$$A = \frac{x}{2} \ \left(f(a) + f(b) + 2 \sum_{i=1}^{n-1} f(a+i\cdot \Delta x)\right)$$

Das Verfahren der Approximation einer Fläche durch Trapeze wird Sehnen – Trapez – Verfahren genannt.

Programm zur Flächenberechnung mit Hilfe des Trapezverfahrens

– in ELAN

```
REAL PROC f (REAL CONST x):
  3.0 * sin (x) * sin (x) * sin (x)
END PROC f;

hole die anfangsbedingungen;
FOR i FROM 1 UPTO n-1
REPEAT
  summe := summe + f(linke grenze + real(i) * delta x)
END REPEAT;
ausgabe.

hole die anfangsbedingungen:
  REAL VAR linke grenze::0.0, rechte grenze::1.0,
           delta x, summe :: 0.0;
  INT VAR i, n;
  put ("Linke Grenze?");
  get (linke grenze);
  put ("Rechte Grenze");
  get (rechte grenze);
  put ("Anzahl der Intervalle?");
  get (n);
  line;
  delta x := (rechte grenze - linke grenze)/real(n).

ausgabe:
  put ("Das Integral hat den Wert");
  put ((2.0 * summe + f(linke grenze)
       + f(rechte grenze))* delta x / 2.0);
  line.
```

Das Programm berechnet das Integral der Funktion

$$f(x) = 3 \cdot \sin^3 x.$$

Die Intervallgrenzen, sowie die Anzahl der Teilintervalle werden erfragt und über die Tastatur eingegeben.

Will man die Breite der Intervalle eingeben, so muß die Größe der Variablen 'delta x' vom Benutzer eingegeben werden. Es entfällt dann die 'REAL VAR n'.

– in BASIC:

```
10: REM SEHNEN-TRAPEZ
20: INPUT "LINKE GRENZE?", A:
    INPUT "RECHTE GRENZE?", B
30: INPUT "N?", N
40: RADIAN: S=3*(SIN A)**3
50: D=(B-A)/N
60: FOR I=1 TO N-1
70:   F=3*(SIN (A+I*D))**3
80:   S=S+2*F
90: NEXT I
100: S=(S+SIN B)*D/2
110: PAUSE "WERT INTEGRAL:"
120: PRINT S
130: END
```

In Abhängigkeit von der Anzahl der Intervalle erhalten wir für

$$\int_0^\pi 3 \cdot \sin^3 x \, dx$$

die folgenden Näherungswerte. Die angegebenen Laufzeiten beziehen sich auf das ELAN – Programm.

Zahl der Intervalle	Näherungswerte	Laufzeiten
10	4.000498	1.1 s
20	4.000031	2.2 s
50	4.000001	6 s
100	4.	12.1 s

Der mit Hilfe der Stammfunktion errechnet Wert ist 4.

Die Methode der Sehnen – Trapeze ist von besonderer Bedeutung, wenn die Stützpunkte von empirischen Funktionen keine gleichabständigen Abszissenprojektionen besitzen. In der Praxis ist es z.B. üblich, zu integrierende Kurven mit einem Ultraschall – Griffel abzufahren, der über die Laufzeiten der Impulse zu Mikrophonschienen längs der x – oder y – Achse die entsprechenden Koordinaten in den Rechner gibt. Dann liegen die Stützpunkte allenfalls gleichverteilt auf dem Kurvenbogen, die Trapeze jedoch bekommen in der Regel gänzlich unterschiedliche Breiten.

Beispiel:

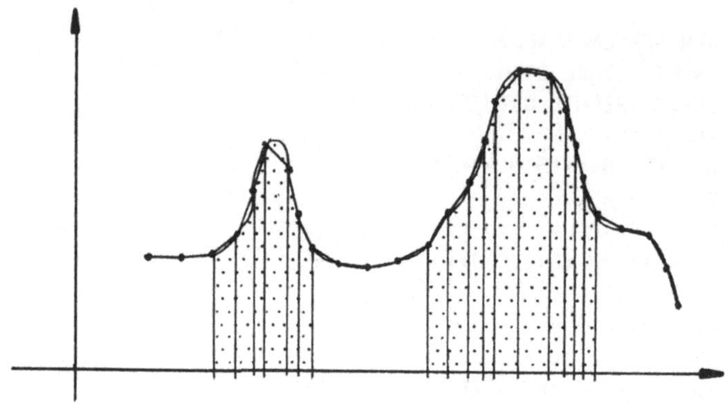

Abb. 1.36

In einer Klinik werden nach einer Organtransplantation abgestoßene Eiweißkörper durch ein Molekularsieb nach ihrem Molekulargewicht getrennt, angefärbt und fotoelektrisch zu einer Kurve wie in Abb. 1.36 verarbeitet. Der Griffel gibt die Koordinaten der Kurve in den Rechner. Die Ärzte interessieren sich für den prozentualen Anteil der "peaks" im Verhältnis zur Gesamtfläche. Deutlich sind die Trapeze an den Stellen, wo der Graph steiler ist, beträchtlich schmaler. Hier bleibt nur übrig, innerhalb der richtigen Grenzen alle Trapeze zu addieren:

$$S = 0.5 \sum_{i=0}^{n-1} (f(x_{i+1}) + f(x_i))(x_{i+1} - x_i)$$

Das entsprechende Computerprogramm wird genauso aufgebaut, wobei die Daten der Stützpunkte in BASIC über die Anweisungen READ/DATA und in ELAN über die Eröffnung von

```
FILE VAR f :: sequential file (input, "x-Werte"),
              sequential file (input, "y-Werte")
```

eingegeben werden.

Im Vergleich zur stochastischen Integration kann man das Sehnen – Trapez – Verfahren nochmals für den Vollkreis ansetzen, hier mit äquidistanten Abszissen:

n	Näherung für π	Laufzeit in sec
10 Unterteilungen	3.104518	0.4
100 Unterteilungen	3.140417	4.4
1000 Unterteilungen	3.141555	49.8
10000 Unterteilungen	3.141591	549.5

Abb. 1.37

Für monotone Funktionen kann man sowohl Sehnen – Trapeze wie Tangenten – Trapeze konstruieren und dadurch zu einem Näherungswert für den Integralwert gelangen. (Vgl. Übung)

Übung:

Führen Sie eine Sehnen – Trapez – Methode und eine Tangenten – Trapez – Methode für eine monotone Funktion so durch, daß Toleranzgrenzen für das Integral entstehen.

1.3.3 Simpson – Verfahren

Bei der Sehnen – Trapez – Methode haben wir durch je zwei benachbarte Stützpunkte auf dem Graphen Sehnen gelegt und die Fläche der entstandenen Trapeze berechnet. Für gleichabständige Abszissen der Stützpunkte, die in der Regel für alle analytisch gegebenen Fuktionen vorzuziehen sind, ergibt sich eine Verbesserung der Approximation, wenn wir quadratische Funktionen als Näherungen für den Kurvenverlauf zwischen drei Stützpunkten wählen.

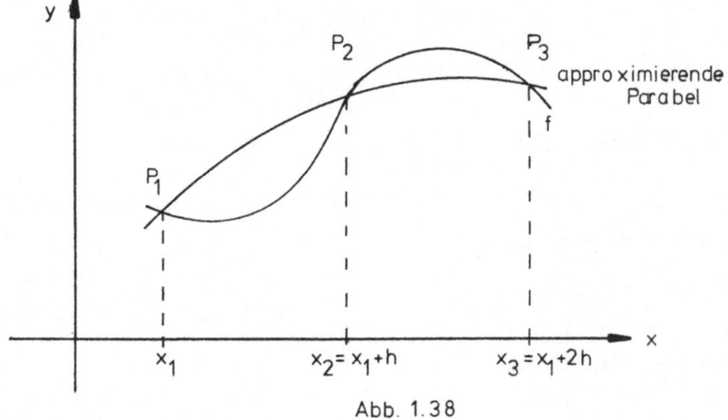

Abb. 1.38

Dazu betrachten wir zunächst ein Tripel von drei Stützpunkten. Zur leichteren Berechnung der entstandenen Fläche verschieben wir den Graphen so, daß die Punkte P_0, P_1, P_2 symmetrisch zur y – Achse liegen.

Die approximierende Parabel wird angesetzt mit

$$y = ax^2 + bx + c$$

Für den

- mittleren Stützpunkt gilt $c = y_2,$
- linken Stützpunkt gilt $y_1 = ah^2 + bh + y_2,$
- rechten Stützpunkt gilt $y_3 = ah^2 - bh + y_2.$

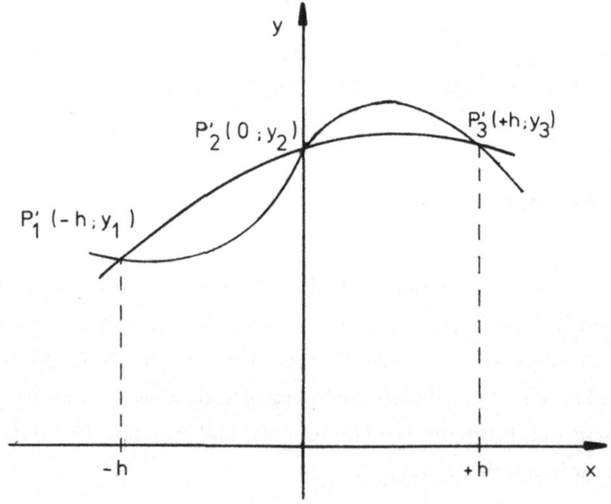

Abb. 1.39

Die Integration der Parabel ergibt

$$I = \int\limits_{-h}^{h} (ax^2 + bx + c)\, dx =$$

$$= \frac{ax^3}{3} + \frac{bx^2}{2} + cx \,\bigg|_{-h}^{h}$$

$$= 2\,\frac{ah^3}{3} + 2ch \;.$$

Wir sehen, daß der Wert für b nicht benötigt wird.
Addition der letzten beiden Gleichungen liefert

$$y_1 + y_3 = 2ah^2 + 2y_2$$

oder

$$a = \frac{y_1 - 2y_2 + y_3}{2h^2}\;.$$

Setzen wir die Werte für a und c ein, folgt

$$y = 2\,\frac{y_1 - 2y_2 + y_3}{3\;2h^2}\,h^3 + 2y_2 h$$

$$y = \frac{y_1 - 2y_2 + y_3}{3}\,h + 2y_2 h$$

$$y = \frac{h}{3}\,(y_1 + 4y_2 + y_3)\;.$$

Wegen der Invarianz des Flächeninhalts bei Translationen ist leicht zu sehen, daß
sich dieselbe Formel auch für die Ausgangsfläche ergibt.
Die Werte für y_1, y_2, y_3 berechnen sich dann folgendermaßen:

$$y_1 = f(x_1);\; y_2 = f(x_2);\; y_3 = f(x_3)\;.$$

Wollen wir eine beliebige Fläche berechnen, so müssen wir darauf achten, unge-
radzahlig viele Stützpunkte $P_0,\ldots,P_{2n}$ ($n \in \mathbb{N}_0$) auf dem Graphen festzulegen. Konstruieren wir dann durch je drei benachbarte Punkte eine Parabel, ermitteln wie
oben beschrieben die entstandenen Flächen unter den Parabelsegmenten und addieren sie, so erhalten wir die Formel

$$A = \sum_{i=1}^{2n} \frac{h}{3}\,(f(x_{i-1}) + 4f(x_i) + f(x_{i+1}))$$

$$= \frac{h}{3}\,(f(x_0) + 4(f(x_1) + f(x_3) + \ldots + f(x_{2n-1}))$$

$$+ 2(f(x_2) + f(x_4) + \ldots + f(x_{2n-2})) + f(x_{2n}))$$

Das Approximationsverfahren zur Berechnung von Integralen mit Hilfe von Parabelsegmenten heißt Simpsonregel.

Programm zur Berechnung des Integrals der Funktion

$$f(x) = 3 \cdot \sin^3 x$$

– in ELAN

```
REAL PROC f (REAL CONST x):
  3.0 * sin (x) * sin (x) * sin (x)
END PROC f;

hole die integrationsparameter;
berechne die schrittweite;
berechne die summen;
gib den wert des integrals aus.

hole die integrationsparameter:
  REAL VAR links, rechts;
  INT VAR n;
  put ("Linke Grenze?");
  get (links);
  put ("Rechte Grenze?");
  get (rechts);
  put ("Anzahl der Stuetzpunkte ?");
  get (n);
  pruefe ob eingabe richtig.

pruefe ob eingabe richtig:
  IF n gerade OR n<3 THEN
    put ("Falsche Eingabe!"); line;
    put ("Die Anzahl der Steutzpunkte muss ungerade"); line;
    put ("und groessr als 2 sein!"); line;
    put ("Anzahl der Stuetzpunkte?");
    get (n)
  FI.

n gerade:
  n MOD 2 = 0.

berechne die schrittweite:
  REAL VAR schritt :: (rechts - links)/real(n-1).
```

```
berechne die summen:
  REAL VAR summe1 :: 0.0, summe2 :: 0.0;
  INT VAR i;
  FOR i FROM 1 UPTO n-1
  REPEAT
    IF index ungerade
      THEN summe1 INCR f(links + real(i) * schritt)
      ELSE summe2 INCR f(links + real(i) * schritt)
    FI
  END REPEAT.

index ungerade:
  i MOD 2 = 1.

gib den wert des integrals aus:
  put ("Das Integral hat den Wert");
  put ((4.0 * summe1 + 2.0 * summe 2 + f(links) +
       f(rechts)) * schritt / 3.0).
```

Da die Berechnung eine ungerade Anzahl von Stützpunkten größer oder gleich drei benötigt, wird nach der Eingabe der Anzahl der Stützpunkte diese überprüft und gegebenenfalls eine neue Eingabe angefordert.

Aus der Formel für die Simpson – Integration geht hervor, daß mit der Festlegung a = x_0, b = x_{2n} die Funktionswerte von Abszissen mit ungeradem Index vervierfacht, die anderen verdoppelt werden müssen, f(a) und f(b) werden einfach addiert. Deshalb wird im Refinement 'berechne die summen' der Index geprüft und abhängig vom Ergebnis der Überprüfung wird die eine oder die andere Summe um den entsprechenden Funktionswert erhöht.

Bei der Ausgabe des Integralwerts werden in der put – Anweisung die Summen entsprechend vervielfacht und die Funktionswerte an den Grenzen addiert.

In den Refinements 'n gerade' und 'index ungerade' wird der Operator 'MOD' verwendet, der die gleiche Bedeutung wie der Begriff modulo (mod) in der Mathematik, also die Berechnung des Reste, der bei der Division durch eine ganze Zahl (hier: 2) bleibt.

– in BASIC:

```
10: REM SIMPSON
20: INPUT "LINKE GRENZE?",A
    INPUT "RECHTE GRENZE?", B
30: INPUT "N?", N
40: IF N/2 - INT(N/2) THEN PRINT "N NICHT GERADE":
    GOTO 30
```

```
 50: D=(B-A)?N: LET S=0
 60: FOR I=1 TO N-1
 70: RADIAN: F=SIN(A+I*D)
 80: IF I/2 - INT(I/2) THEN GOTO 200
 90: S=S+2*F
100: NEXT I
110: S=(S+SIN A+SIN B)*D/3
120: PAUSE "WERT INTEGRAL"
130: PRINT S
140: END

200: S=S+4*F: GOTO 100
```

Soll bei der Berechnung eines Integrals mit Hilfe der Simpsonregel die Güte der
Approximation beeinflußt werden, so müssen wir nach der ersten Berechnung die
Zerlegung eventuell verfeinern. Liegt der Absolutbetrag der Differenz der beiden
Integrale unter einer vorher festgelegten Fehlergrenze, so wird der Wert des letzten
Integrals ausgegeben.

Um dies im Programm zu realisieren, muß in einer UNTIL – Schleife zuerst eine
Variable 'altintegral' mit dem zuletzt berechneten Integralwert überschrieben werden. Dann wird das neue Integral berechnet und die Zahl, die die Anzahl der
Stützpunkte bestimmt, wird erhöht. Vor der neuen Berechnung müssen aber unbedingt die Variablen 'summe1' und 'summe2' auf Null gesetzt werden. Der Vorgang
wiederholt sich, bis sich alter und neuer Integralwert um weniger als ein vorgege-
benes Epsilon unterscheiden.

Programm zur Berechnung eines Integrals mit der Simpsonregel bei fortlaufender
Verfeinerung:

```
REAL PROC f(REAL CONST x):
  3.0 * sin(x) * sin(x) * sin(x)
END PROC f;

initialisiere die anfangsbedingungen;
hole die integrationsparameter;
REPEAT
  altintegral := integral;
  berechne die schrittweite;
  berechne die summen;
  berechne das integral;
  stufe INCR 1
UNTIL abs(altintegral - integral) < eps
END REPEAT;
```

```
ausgabe der loesung.

initialisiere die anfangsbedingungen:
  REAL VAR altintegral, integral :: 0.0,
           schrittweite;
  INT VAR stufe :: 1.

hole die integrationsparameter:
  REAL VAR links, rechts, eps;
  put ("Linke Grenze?");
  get (links);
  put ("Rechte Grenze?");
  get (rechts);
  put ("Abbruchwert?");
  get(eps).

berechne die schrittweite:
  schrittweite := (rechts - links)/(10.0 *
                  real(stufe)).

berechne die summen:
  REAL VAR summe1 :: 0.0, summe2 :: 0.0;
  INT VAR i;
  FOR i FROM 1 UPTO 10 * stufe  - 1
  REPEAT
    REAL VAR summand :: f(links+real(i)*schrittweite);
    IF index ungerade
      THEN summe1 INCR summand
      ELSE summe2 INCR summand
    FI
  END REPEAT.

index ungerade:
i MOD 2 = 1.

berechne das integral:
  integral := (f(links) + f(rechts) + 2.0*summe2
          + 4.0*summe1) * schrittweite / 3.0.

ausgabe der loesung:
  put("Das Integral hat den Wert");
  put(integral).
```

Der erste Durchlauf beginnt mit der Schrittweite 10. Das bedeutet 10 Streifen, 11 Stützpunkte und 5 Approximationsparabeln, die natürlich in der Regel nicht glatt ineinander übergehen (Abb. 1.40).

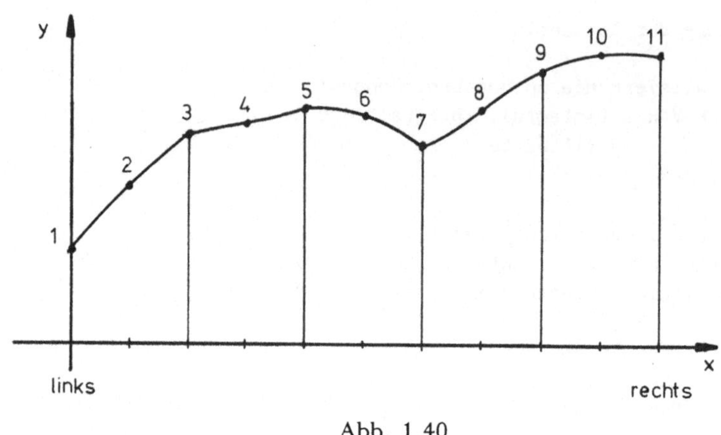

Abb. 1.40

Um das Konvergenzverhalten dieser Approximation zu studieren, betrachten wir das in der Wahrscheinlichkeitsrechnung wichtige

$$\frac{1}{\sqrt{2\pi}} \int_{-\infty}^{\infty} e^{-x^2/2} \, dx$$

Man überzeugt sich leicht, daß hier 'links' auf -10 und 'rechts' auf 10 gesetzt werden können, ohne daß innerhalb unserer Genauigkeitsforderung Änderungen auftreten.

Epsilon	Wert des Integrals	Stufen	Laufzeit in sec.
0.1	1.00001	3	4.2
0.01	1.0	4	6.8
0.001	1.0	4	6.8
0.0001	1.0	4	6.8
0.00001	1.0	5	9.9

Abb. 1.41

Übungen:

1. Was geschieht bei der Simpson – Integration, wenn die zu integrierende Funktion quadratisch ist?

2. Formulieren Sie ein Simpson – Programm für eine ungerade Anzahl von empirisch vorgegebenen Stützpunkten.

3. Integrieren Sie mit dem Programm aus Aufgabe 3 den halben Querschnitt eines Schiffsrumpfes

x in m	10	20	30	40	50	60	70	80	90	100	110
y im m	10.2	16.5	21.1	25.3	27.5	28.8	30.2	29.5	26.8	23.1	17.0

4. Berechnen Sie die Bogenlänge der sin – Funktion über eine volle Periode.

5. Eine Masse wird mit einem nichtlinearen Kraftgesetz nach folgender Tabelle bewegt:

s in m	1	2	3	4	5	6	7	8	9
F in N	2.6	3.6	4.5	3.5	2.7	3.4	4.4	5.3	5.5

Berechnen Sie die aufgewendete Arbeit.

1.3.4 Integrationsverfahren mit Übergabe von Prozedur – Parametern

Der Anwender, der häufiger Integrationsverfahren einsetzt, wird die Compilation z.B. einer Simpson – Prozedur sparen wollen. Für solche Fälle wird man das Verfahren insertieren, so daß der Aufruf der Prozedur 'simpsonintegral' zum erweiterten Sprachumfang gehört. Wenn man das Verfahren nun auf unterschiedliche Funktionen anwenden will, braucht man in der Parameterliste des Verfahrens auch eine Leerstelle, welche die betreffende Funktionsprozedur aufnimmt. ELAN kennt solche Prozedurparameter:

```
REAL PROC integriere nach simpson
         (REAL CONST links, rechts, epsilon,
          REAL PROC (REAL CONST) f)
```

ist dann der Kopf in einem so erweiterten Simpsonverfahren. Der Name der Funktionsprozedur wird nachgestellt.
Da in ELAN aber nur ein PACKET und keine Prozedur insertiert werden kann, wird die Prozedur eingebunden in das

```
PACKET integration DEFINES simpsonintegral:
```

Abgeschlossen wird das Programm mit den beiden Zeilen

```
    END PROC simpsonintegral;
    END PACKET integration
```

Aus dem Programm von S. 138 entfällt dann die Prozedur f, sie kann nicht mit insertiert werden und muß außerhalb definiert werden, sowie die Refinements 'hole die integrationsparameter' und 'ausgabe der loesung'. Letzteres wird im Hauptprogramm durch den für eine REAL PROC notwendigen Aufruf 'integral' ersetzt.
Als Anweisung genügt nun, z.B.

```
    put (simpsonintegral (0.0, pi, 0.001, PROC sin))
```

oder nach Definition einer Prozedur

```
    REAL PROC g (REAL CONST x):
      4.0 * x ** 3 - 2.0 * x ** 2
    END PROC g
```

der Aufruf

```
    put (simpsonintegral (0.0, 2.0, 0.01, PROC g))
```

Für beide Durchläufe ist eine Compilation nicht mehr notwendig; die Quelldatei, die das 'PACKET integration' enthält, kann gelöscht werden.

1.3.5 Adaptive Integrationsverfahren

Grundsätzlich interessant sind Verfahren zur Integration analytisch gegebener Funktionen, die mit grober Unterteilung arbeiten, wenn das für die angesetzte Genauigkeit ausreicht, jedoch automatisch auf eine feinere Unterteilung umschalten, wenn es wegen des Funktionsverlaufes zur Erzielung derselben Genauigkeit nötig wird.
Programmtechnisch läßt sich eine Selbstregulierung dadurch einfach erreichen, daß man zwar mit einer konstanten natürlichen Zahl n von Unterteilungen arbeitet, jedoch vorher den Integrationsbereich halbiert, viertelt, achtelt usw., wenn ein Test diese Notwendigkeit anzeigt.
Wenn die Programmiersprache rekursive Aufrufe von Prozeduren erlaubt, wird das Programm sehr kurz und übersichtlich.
Zur eigentlichen Integration soll etwa die Prozedur

```
    simpsonintegral (links, rechts, 20, PROC f)
```

bemüht werden, die fest mit 20 Unterteilungen arbeitet.
Bleibt

```
abs (simpsonintegral (links, rechts, 20, PROC f)
     - simpsonintegral (links, rechts,10, PROC f)
```

unter einer vorgegebenen Schranke ε, braucht nichts weiter veranlaßt zu werden,
kann man also auf dem Grundbereich mit 20 Unterteilungen integrieren. Liegt der
Absolutbetrag dieser Differenz aber zu hoch, wird der Grundbereich in zwei Hälften
geteilt, die jede für sich mit 20 Unterteilungen integriert werden, so daß für den
Grundbereich 40 Unterteilungen herauskommen; notfalls wird das Verfahren in
bestimmten Teilintervallen wiederholt, wofür die Rekursion selber sorgt:

```
REAL PROC integral mit adaption
          (REAL CONST links, rechts,
           REAL PROC (REAL CONST) f):

IF test zufriedenstellend
  THEN simpsonintegral (links, rechts, 20, PROC f)
  ELSE
      integral mit adaption (links, (rechts + links)
                             /2.0, PROC f)
    + integral mit adaption ((rechts + links)/2.0,
                             rechts, PROC f)
FI.

test zufriedenstellend:
  abs (simpsonintegral links, rechts, 20, PROC f)
     - simpsonintegral (links, rechts, 110ROC f))
     < 0.001.

END PROC integral mit adaption;
```

Man wird hier je nach Funktion und Integrationsbereich die Wahl der Schranke
sorgsam studieren müssen, damit ein Ausstieg aus der Rekursionsschachtelung effizient gegeben ist. Das kann durch eine Kontrollausdruck, der die Rekursionstiefe
angibt, im Einzelnen verfolgt werden.
Das Verfahren ist effizient, wenn eine Funktion in Teilintervallen z.B. sehr wellig,
in anderen Teilintervallen aber glatt verläuft.

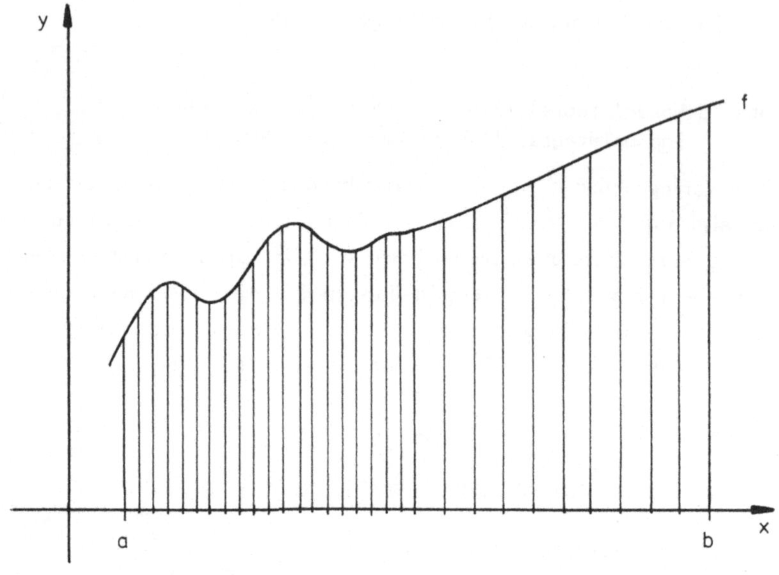

Abb. 1.42

1.3.6 Romberg – Integration

Ein modernes Verfahren zur numerischen Integration mit äquidistanten Stützpunkten ist die Romberg-Integration. Sie benutzt einen gegenüber den bisher dargestellten Integrationsverfahren neuen Gedanken zur Konvergenzbeschleunigung, der
auch bei anderen Vorhaben (z.B. numerische Differentiation) eine wichtige Rolle
spielt.
Wir gehen noch einmal von der Trapezintegration aus.
Das Integral

$$\int_a^b f(t)\, dt$$

kann durch Trapezsummen approximiert werden:

$$T_{0,0} = \frac{h_0}{2}\,(f(a) + f(b)) \quad \text{mit } h_0 = b - a$$

$$T_{1,0} = \frac{h_1}{2}\,(f(a) + 2f(a+h_1) + f(b))$$

– 145 –

.
.
.

$$T_{k,0} = \frac{h_k}{2} \left(f(a) + 2f(a+h_k) + \ldots + 2f(b-h_k) + f(b) \right)$$

Wir sehen, daß die Summen unter anderem von den Streifenbreiten h_k abhängen. Für stetige Funktionen folgt die Konvergenz der Trapezsummen für $h_k \to 0$ gegen das Integral aus der Interpretation von

$$T_{k,0} = \sum_{i=0}^{k} \left(h_k f(a+ih_k) \right) - \frac{h_k}{2} \left(f(a) + f(b) \right)$$

als Riemann – Summe.

Die Konvergenz verläuft jedoch sehr langsam. Ein günstigeres Verfahren erhalten wir, wenn wir aus bereits berechneten Trapezsummen, deren Werte von der Streifenbreite h_k abhängen, auf $h = 0$ mit dem Verfahren von Richardson (vgl. Kapitel 1.1.5) extrapolieren. Die Rekursionsformel lautet (1.14)

$$T_{i,j} = T_{i,j-1} + (T_{i,j-1} - T_{i-1,j-1}) \frac{h_i}{h_{i-j} - h_i} \; .$$

Wählen wir nun für die Iteration der Trapezsummen von $h_0 = b - a$ ausgehend eine fortlaufende Halbierung der Intervalle (Rombergfolge), so ergibt sich mit

$$h_i = \frac{h_{i-1}}{2} = 2^{-i} h_0$$

die Rekursionsformel

$$T_{i,j} = T_{i,j-1} + \frac{1}{2^j - 1} (T_{i,j-1} - T_{i-1,j-1}) \; .$$

Die Startglieder der Trapezsumme lassen sich dann auch einfacher bestimmen, nämlich

$$T_{i,0} = \frac{1}{2} T_{i-1,0} + \frac{h_0}{2^i} \sum_{k=1}^{2^{i-1}} f\left(a + (2k-1)\frac{h_0}{2^i}\right)$$

Die Anwendung der Richardson – Extrapolation auf die iterierten Trapezsummen wird Romberg – Verfahren genannt.

Programm für die Romberg – Integration von

$$\int_0^\pi \frac{\sin x}{x}\, dx$$

– in ELAN

```
REAL PROC f (REAL CONST x):
  IF x = 0.0
    THEN 1.0
    ELSE sin(x)/x
  FI
END PROC f;

REAL PROC romberg (REAL CONST a,b):

  ROW 10 ROW 10 REAL VAR schema;
  berechne und drucke anfangstrapez;
  line;
  INT VAR zeile;
  FOR zeile FROM 2 UPTO 10
  REPEAT
    berechne und drucke werte der ersten spalte;
    INT VAR spalte;
    FOR spalte FROM 2 UPTO zeile
    REPEAT
      berechne und drucke weitere werte der zeile
    END REPEAT;
    line;
    IF fehlergrenze unterschritten
      THEN LEAVE romberg WITH schema[zeile][zeile]
    FI;
  END REPEAT;
  schema[zeile][zeile].

berechne und drucke anfangstrapez:
  REAL VAR h :: b-a;
  schema [1][1]:= (f(a) + f(b))* h /2.0;
  put (schema [1][1]).

berechne und drucke werte der ersten spalte:
  berechne summe;
  schema [zeile][1] := schema [zeile-1][1]/2.0
                   + summe * h/2.0 ** (zeile-1);
```

```
    put (schema [zeile][1]).

berechne summe:
  INT VAR i::1;
  REAL VAR summe :: 0.0;
  WHILE i < 2 ** (zeile -1)
  REPEAT
    summe := summe + f(a + real(i)*h/2.0**(zeile-1));
    i INCR 2
  END REPEAT.

berechne und drucke weitere werte der zeile:
  schema [zeile][spalte] := schema [zeile][spalte-1] +
                       (schema [zeile][spalte-1]
                    - schema [zeile-1][spalte-1])/
                         (2.0**(spalte-1)-1.0);
    put (schema [zeile][spalte]).

fehlergrenze unterschritten:
  abs(schema[zeile][zeile] -
  schema [zeile-1][zeile-1])< 0.00001.

END PROC romberg;

put (romberg(0.0,1.0))
```

in BASIC

```
 10 : DIM P(10,10)
 20 : INPUT "LINKE GRENZE?", A
 30 : INPUT "RECHTE GRENZE?", B
 40 : H = B - A
 50 : P(0,0) = H/2*(1+SIN B/B)
 60 : PRINT P(0,0)
 70 : FOR I = 1 TO 9
 80 :    S = P(I-1,0)/2
 90 :    FOR K = 1 TO 2**(I-1)
100 :      X = A + (2*k-1)*H/2**I : F = SIN X/X
110 :      S = S + H*F/2**I
120 :    NEXT K
130 :    P(I,0) = s : PRINT P(I,0)
140 :    FOR J = 1 TO I
150 :      P(I,J) = P(I,J-1)+(P(I,J-1)-P(I-1,J-1))
                    /2**J - 1
160 :      PRINT P(I,J)
170 :    NEXT J
```

```
180 :   IF ABS(P(I,I)-P(I-1,I-1))<0.00001
          THEN GOTO 200
190 : NEXT I
200 : PRINT "F=", P(I,I)
```

Als Ausgabe erhalten wir in beiden Fällen das folgende Schema

```
1.570796
1.785398 2.
1.835508 1.885618 1.847491
1.847842 1.860176 1.851696 1.852297
1.850914 1.853986 1.851922 1.851955 1.851932
1.851681 1.852449 1.851936 1.851938 1.851937 1.851937
```

Näherungswert für das Integral 1.851937 .

Benötigte Zeit: 3.4 sec.

Wir können die Konvergenzgeschwindigkeit jedoch noch steigern.
Für eine Funktion f gilt:

$$\int_a^b f(t)\, dt = T_{k,0} + R_h(f)$$

Die Fehlerfunktion $R_h(f)$ besitzt eine Potenzreihenentwicklung in h^2. Den recht umfangreichen Beweis finden wir in [10] (S. 241).

Das bedeutet, wir können wie bei der numerischen Differentiation (vgl. Kapitel 1.2.5) die verbesserte Richardson – Formel für die Approximation verwenden und erhalten als Rekursionsformel bei fortlaufender Halbierung des Intervalls [a,b]:

$$T_{i,j} = T_{i,j-1} + \frac{1}{4^j - 1}\, (T_{i,j-1} - T_{i-1,j-1})$$

Führen wir diese Verbesserung in den obigen Programmen durch, erhalten wir bei gleicher Fehlergrenze das folgende Schema:

```
1.570796
1.785398 1.856932
1.835508 1.852211 1.851897
1.847842 1.851954 1.851937 1.851937
1.850914 1.851938 1.851937 1.851937 1.851937
```

Näherungswert für das Integral: 1.851937.

$$- 149 -$$

Benötigte Zeit: 1.9 sec.

Vergleichen wir die beiden Näherungsverfahren, so sehen wir, daß sich bei vorgegebener Fehlergrenze eine Verringerung der Zahl der Berechnungen und eine Ver-
kürzung der Laufzeit ergeben haben. Führen wir unter gleichen Bedingungen eine
reine Trapezintegration durch, werden 39.3 sec Laufzeit benötigt.

Übungen:

1. Für die Standardverteilung

$$f(z) = \frac{1}{\sqrt{2\pi}} \int_{-\infty}^{\infty} e^{-z^2/2} \, dz$$

soll eine Wertetabelle für z von -3 bis 3 mit einer Schrittweite von 0.1 auf 4
Nachkommastellen genau ausgegeben werden. Die Symmetrie der Funktion sollte
ausgenutzt werden.

2. Berechnen Sie numerisch die Fläche des Super – Einheitskreises

$$x^4 + y^4 = 1.$$

3. Kontrollieren Sie verschiedene Integrationsprozeduren mit dem analytisch durch
quadratische Substitution berechenbaren Integral

$$\int_0^1 \frac{2x}{1 + x^2} \, dx = \ln 2 = 0.6931471806 \, .$$

2. Ergänzungen für Analysis III

2.1 Numerische Verfahren für Differentialgleichungen

2.1.1 Differentialgleichungen erster Ordnung

Viele naturwissenschaftliche und sozialwissenschaftliche Prozesse, verstehen sich sehr leicht, wenn man sie im Kleinen betrachtet (über eine kurze Zeitspanne / über einen kurzen Weg usw.), dort Ursachen und Wirkung in einen einfachen, zumeist linearen Zusammenhang bringt und dann durch ein geeignetes Verfahren das Gesetz im Großen aus diesem Ansatz entfaltet.

Beispiel 1:

Die Bevölkerung einer kleinen Stadt vermehrt sich proportional zum jeweiligen Bestand um 0.005 Prozent täglich. In dieser Rate sind Geburt und Tod, Zuzug von außen und Abgang nach außen bereits zusammengefaßt.

Wann wird sich die Bevölkerung der Stadt verdoppelt haben, wenn die Zuwachsrate konstant bleibt?

Ansatz: Die Anzahl der Einwohner sei y, ihre Zunahme in einem kleinen Zeitraum dt (hier: ein Tag) werde mit dy bezeichnet. Dann definieren wir die Zunahmegeschwindigkeit (tägliche Zunahmerate) durch dy / dt und setzen nach den Informationen des Aufgabenstammes:

$$\frac{dy}{dt} = 5 \cdot 10^{-5} y \quad \text{(Proportionalität)}$$

Wir erhalten dieselbe Gleichung, wenn wir davon ausgehen, daß die Zunahme dy sowohl proportional dem Bestand y wie auch proportional zur Zeitspanne dt ist.

Der Differentialquotient auf der linken Seite ist die Ableitung einer unbekannten Funktion y(t), die auf der rechten Seite neben dem Proportionalitätsfaktor k ebenfalls auftritt. Aus der geometrischen Bedeutung der Ableitung entwickeln wir ein Richtungsfeld, in das wir jedem Punkt P(t,y) ein Tangentenstückchen mit der Steigung ky zuordnen.

Da auf der rechten Seite der Differentialgleichung

$$y' = ky,$$

t nicht explizit vorkommt, gestaltet sich hier das Richtungsfeld sehr einfach:

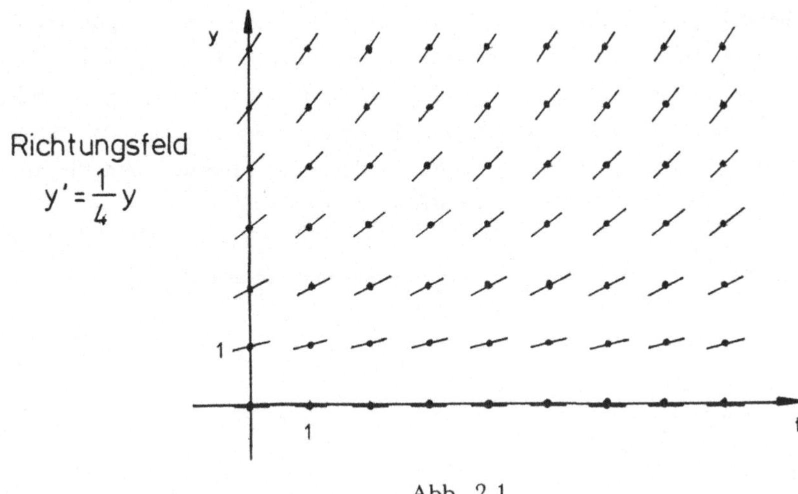

Abb. 2.1

Für dieses Beispiel ergibt sich eine einfache analytische Lösung, für viele andere jedoch nicht. Deshalb entwickeln wir aus dem Richtungsfeld eine numerische Approximation:

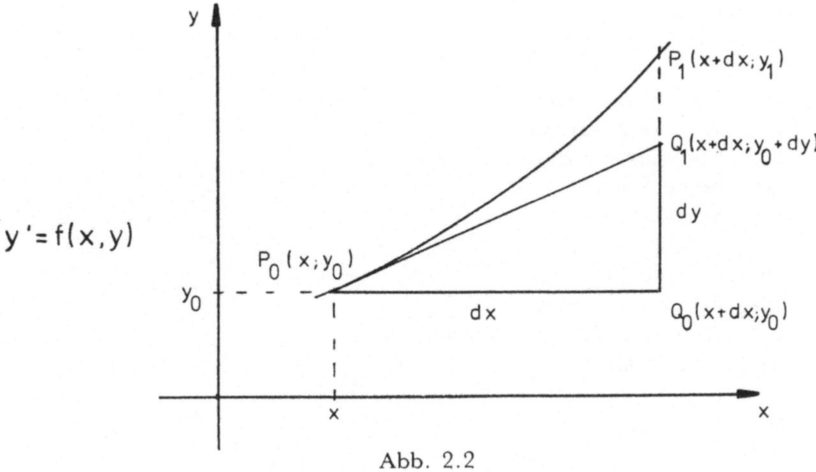

Abb. 2.2

Dabei wird die noch unbekannte Lösungsfunktion $y(x)$ an der Stelle x durch ihre Tangente ersetzt, deren Steigung uns die Differentialgleichung liefert. Auf der Tangente erreichen wir die Ordinate des Punktes Q_1 durch

$$y_0 + dy = y_0 + y'(x)\, dx$$

$$= y_0 + f(x; y)\, dx$$

$$- 152 -$$

Für hinreichend kleines dx wird Q_1 in der Nähe des wirklichen Kurvenpunktes P_1 liegen. Für die nächsten Punkte wird genauso verfahren, wobei ein Polygonzug entsteht, der bei der hier vorliegenden, monotonen Lösungsfunktion y immer mehr von der wirklichen Lösung abweicht. Für eine Beurteilung des einfachen Verfahrens werden hier zwei Approximationen für unterschiedliche Schrittweiten und die analytische Lösung in dieselbe Graphik gesetzt. (Abb. 2.3)

Das Computerprogramm ist direkt auf die Problemlösung zugeschnitten.

– in ELAN:

```
hole anfangsbedingungen;
hole schrittweite;
REPEAT
  y := y + 0.00005 * y * schrittweite;
  t := t + schrittweite;
  put (t);
  put (y);
  line
UNTIL doppelte bevoelkerung erreicht
END REPEAT;
drucke ergebnis aus.

hole anfangsbedingungen:
  REAL VAR bevoelkerung, y, t :: 0.0;
  put ("Anfangsbevoelkerung?");
  get (bevoelkerung);
  y := bevoelkerung.

hole schrittweite:
  REAL VAR schrittweite;
  put ("Schrittweite des Verfahrens?");
  get (schrittweite).

doppelte bevoelkerung erreicht:
  y > 2.0 * bevoelkerung.

drucke ergebnis aus:
  line;
  put ("In");
  put (t/365.0);
  put ("Jahren hat sich die Bevoelkerung verdoppelt.").
```

X SCALE = .50
Y SCALE = 5.0
$y = e^{2x}$
Schrittweite 0.2
Schrittweite 0.1
$y' = 2y$

Abb. 2.3

X SCALE = 1.0
Y SCALE = 1.0
$k = 0,4$
$m = 1$
$v_0 = 10$
$\alpha = 50^0$ schritt $= 0,1$

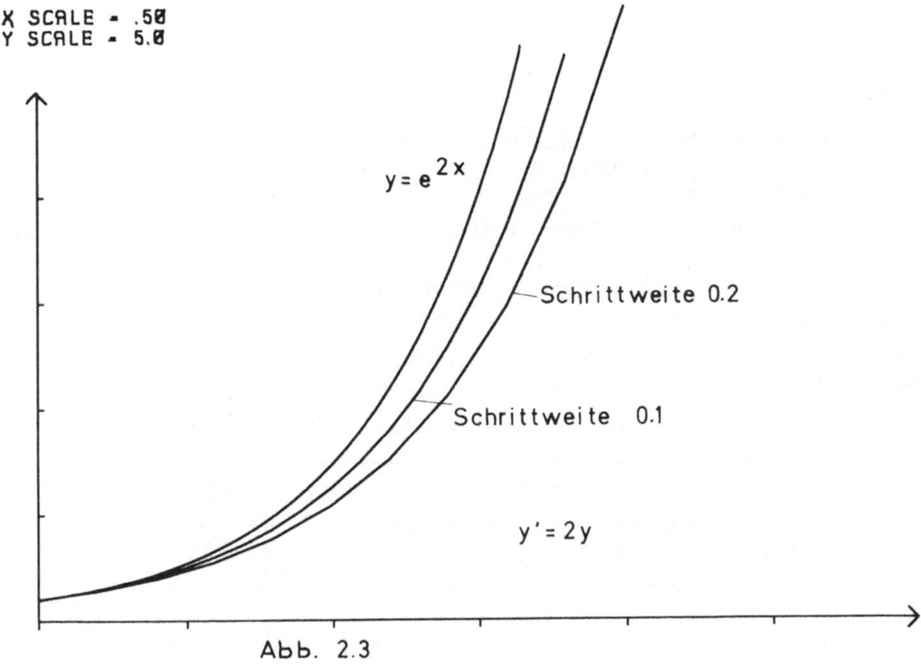

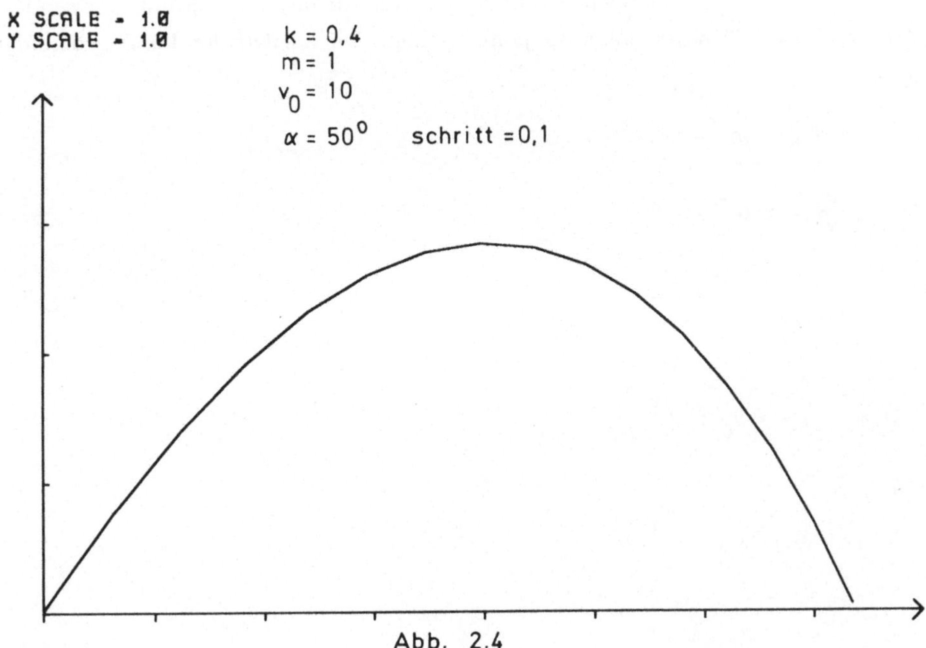

Abb. 2.4

– in BASIC:

```
10: REM WACHSTUM
20: LET T=0
30: INPUT "ANFANGSBEVOELKERUNG?", A: LET Y=A
40: INPUT "SCHRITTWEITE?", H
50: Y=Y+0.00005*Y*H: T=T+H
60: PAUSE "Y:"; Y: PAUSE "T:"; T
70: IF Y <= 2A THEN 50
80: T=T/365: PRINT "VERDOPPELUNG IN";T; "JAHREN"
```

In der folgenden Tabelle sind für verschiedene Startwerte und Schrittweiten die für die Verdoppelung notwendigen Jahre zusammengestellt, die mit Hilfe des ELAN – Programms ermittelt wurden. Die für die einzelnen Durchläufe benötigten Zeiten werden ebenfalls in der Tabelle ausgegeben.

Anfangsbevölkerung	1000	1000	4711	10000
Schrittweite	10	50	2	50
Zeitraum für die Verdoppelung	38	38.08219	37.98356	38.08219
Laufzeit in sec.	111.4	22.1	551.7	22.3

Es fällt auf, daß bei konkreten Anfangswerten die für die Verdoppelung notwendige Zeit in allen Fällen ungefähr 38 Jahre beträgt. Die analytische Lösung bestätigt das:

$$y' = 5 \cdot 10^{-5} y$$

$$\frac{dy}{y} = 5 \cdot 10^{-5} dt$$

$$\ln \frac{y}{y_0} = 5 \cdot 10^{-5} t$$

$$y = y_0 \, e^{5 \cdot 10^{-5} t}$$

mit

$$y = 2 y_0$$

folgt

$$t = \frac{10^5}{5}\ \ln 2 \approx 13863 \text{ Tage} \approx 38 \text{ Jahre.}$$

Für die analytische Lösung benötigen wir keinen Anfangswert für die Bevölkerung. Wollen wir jedoch die Zeit mit Hilfe des Computerprogramms ermitteln, so müssen wir zu Beginn der Variablen 'bevoelkerung' einen Startwert zuweisen.

Als kleines Experiment könnten wir diese Anfangszuweisung mit einem Zufallsgenerator vornehmen. Trotzdem müßte sich eine Verdopplungszeit von 38 Jahren ergeben.

Das Beispiel zeigt eindrucksvoll, daß die Begriffsbildung "Verdopplungszeit" bei Wachstumsprozessen sinnvoll ist.

Wählen wir als Beispiel einen Zerfallsprozeß, z.B. den radioaktiven Zerfall, die Abkühlung eines heißen Körpers, die Entladung eines Kondensators u.ä., so gilt das Gesagte für den Begriff "Halbwertszeit".

Viele andere Beispiele sind im Ansatz nur wenig aufwendiger, für die analytische Lösung jedoch rasch schwieriger:

Beispiel 2:

Der Reflektor eines Autoscheinwerfers ist so zu konstruieren, daß die Strahlen einer punktförmigen Lichtquelle nach der Reflexion parallel verlaufen.

Welche Reflektorflächen sind hierfür geeignet?

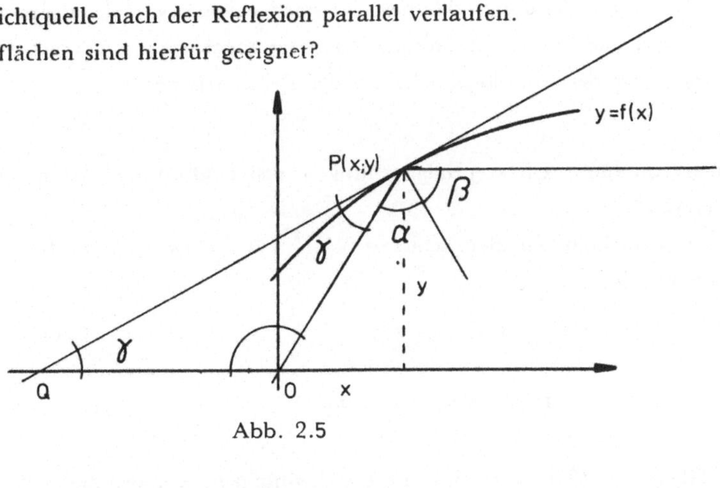

Abb. 2.5

Der Ansatz läßt sich aus dem Reflexionsgesetz entwickeln:

Aus $\alpha = \beta$ folgt, daß $\sphericalangle QOP = 180° - 2\gamma$ mit $\tan \gamma = f'(x)$, und somit

$$\tan (180° - 2\gamma) = -\tan 2\gamma$$

$$= \frac{-2\ \tan \gamma}{1 - \tan^2 \gamma} = -\frac{y}{x}$$

Also

$$\frac{2y'}{1-y'^2} = \frac{y}{x}$$

oder

$$y'^2 + 2\frac{x}{y}y' = 1$$

oder explizit

$$y' = -\frac{x}{y} + \sqrt{\left(\frac{x}{y}\right)^2 + 1}$$

bzw.

$$y' = -\frac{x}{y} - \sqrt{\left(\frac{x}{y}\right)^2 + 1}$$

Die beiden Gleichungen für y' lassen sich analytisch nicht mehr ganz so schnell lösen.

Mit Hilfe des Computers können wir nach obigem Verfahren approximieren und es lassen sich die beiden Lösungskurven zusammensetzen. Sie ergeben die parabolische Schnittkurve der Rotationsfläche mit der Zeichenebene.

Beispiel 3:

Auch simultane Differentialgleichungen erster Ordnung lassen sich ähnlich integrieren.

Dazu betrachten wir den schiefen Wurf mit Luftwiderstand (in Erdnähe) komponentenweise:

$$F_x = m\ddot{x} = -k\dot{x}, \qquad (2.1)$$

$$F_y = m\ddot{y} = -mg - k\dot{y}. \qquad (2.2)$$

In Gleichung (2.1) wird ein zur Geschwindigkeit proportionaler Luftwiderstand berücksichtigt, in Gleichung (2.2) wirkt zusätzlich die Schwerkraft.

Durch Integration der beiden Gleichungen erhalten wir

$$\dot{x} = -\frac{k}{m}x + C_1,$$

$$\dot{y} = - gt - \frac{k}{m} y + C_2.$$

Sinnvolle Anfangsbedingungen sind:

Für $t = 0$ sei $x = y = 0$ und $\dot{x} = v_0 \cos\alpha$ und $\dot{y} = v_0 \sin\alpha$.

Daraus folgt:

$$C_1 = v_0 \cos\alpha \quad \text{und} \quad C_2 = v_0 \sin\alpha.$$

Programm zur Bestimmung der Bahnkurve

– in ELAN:

```
hole anfangsbedinungen;
hole schrittweite;
REPEAT
   x := x - (k/m * x - cl) * schrittweite;
   y := y - (9.81 * t + k/m * y - c2) * schrittweite
   t := t + schrittweite
UNTIL t > dauer
END REPEAT;.
gib ergebnis aus.
```

(Plotterbild der Wurfparabel vgl. Abb. 2.4)

Ganz analog können wir Satellitenbahnen nach dem Gravitationsgesetz in der Zeichenebene behandeln:

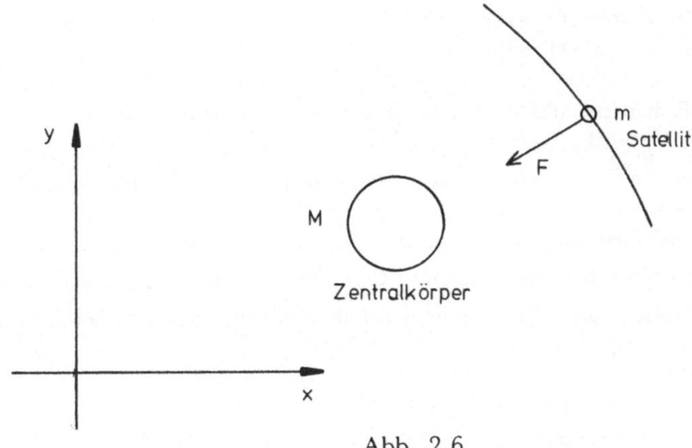

Abb. 2.6

Die Kraft F wird in zwei Komponenten zerlegt:

$$F_x = m\ddot{x} = - \frac{\gamma\, m\, M}{r^3} x$$

$$F_y = m\ddot{y} = - \frac{\gamma\, m\, M}{r^3} y \ .$$

Man kann eine solche Differentialgleichung zweiter Ordnung nach der Methode des folgenden Abschnitts numerisch lösen. Jedoch kann man ebensogut in zwei Stufen nach Methoden für Differentialgleichungen erster Ordnung verfahren:

$$v_x = - \frac{\gamma\, M}{\sqrt{x^2 + y^2}^{\,3}} \ x$$

$$v_y = - \frac{\gamma\, M}{\sqrt{x^2 + y^2}^{\,3}} \ y$$

liefern im Programm eine Approximation

```
vx := vx - schrittweite * gamma*M*x
       /sqrt((x*x+y*y)**3)
vy := vy - schrittweite * gamma*M*y
       /sqrt((x*x+y*y)**3)
```

und eine weitere

```
x := x + vx * schrittweite
y := y + vy * schrittweite
```

jeweils mit 't INCR schrittweite' und realistischen Anfangsbedingungen.

$$\gamma = 6.67 \cdot 10^{-11}\, m^3\, kg^{-1}\, s^{-2}\ ; \quad M = 6 \cdot 10^{24}\, kg; \quad \gamma \cdot M = 4 \cdot 10^{14}\ . \quad \text{(Vgl. Abb. 2.7)}$$

Für Satellitenbahnen wird man z.B. alle 10s berechnen und alle 100s ausdrucken. Im Programm wird dies mit dem MOD – Operator realisiert. Interessant wird es sein, auf diese Weise zwei Grenzgeschwindigkeiten für den Planeten Erde zu testen:

Mit

$$v_x(0) = 7900\, \frac{m}{s} \quad \text{und} \quad v_y(0) = 0$$

X SCALE = 5000.0
Y SCALE = 5000.0

Abb. 2.7

X SCALE = .20
Y SCALE = 10.0
y'' = 2(y + x y')
y = e^{x^2}
schritt = 0.1

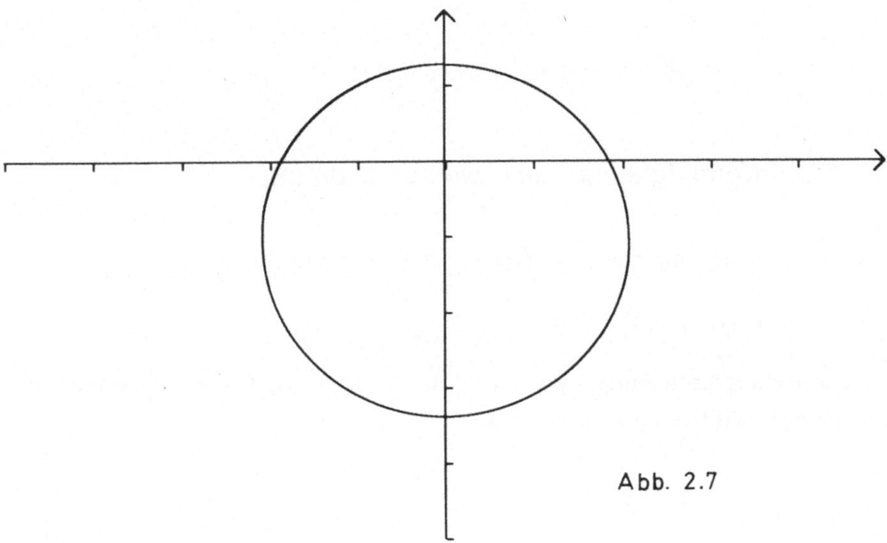

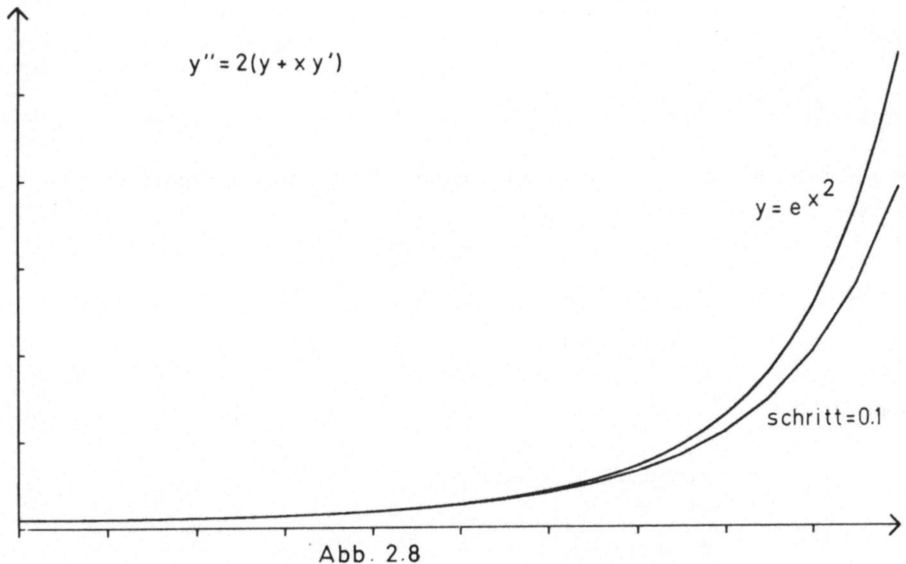

Abb. 2.8

sollte sich eine Kreisbahn um die Erde ergeben, und mit

$$v_x(0) = 11.200 \; \frac{m}{s} \quad \text{und} \quad v_y(0) = 0$$

sollte das Schwerefeld des Zentralkörpers endgültig verlassen werden.

2.1.2 Differentialgleichungen zweiter Ordnung

Explizite Differentialgleichungen zweiter Ordnung haben die Form

$$y'' = f(x,y,y')$$

mit den Anfangsbedingungen $y(x_0) = y_0$ und $y'(x_0) = y_0$. Unter Verwendung dieser Bedingungen wird in $P_0(x_0,y_0)$ die Parabel

$$y = y_0 + y_0'(x-x_0) + 0.5 \; y_0'' \; (x-x_0)^2$$

gezeichnet, wobei sich y'' aus der Differentialgleichung zu $f(x_0,y_0,y'_0)$ ergibt.
Auf dieser Parabel wird der Nachbarpunkt P_1 mit $x_1 = x_0 + h$ erreicht. Für ihn gilt

$$y_1 = y_0 + y_0'h + 0.5 \; y_0'' h^2$$

und

$$y_1' = y_0' + y_0'' \; h,$$

so daß sich folgende, einfache Iteration ergibt, die das analoge Verfahren zum Eulerschen Polygonzug darstellt.

Programm zur iterativen Lösung der Differentialgleichung

$$y'' = 2(y + x \; y')$$

– in ELAN:

```
REAL PROC f(REAL CONST x,y,y1):
   2.0 * (y + x * y1)
END PROC f;
```

```
  hole anfangsbedingungen;
  hole schrittweite und obere schranke;
  WHILE x < rechts
  REPEAT
    y INCR y1 * schrittweite +
            0.5 * f(x,y,y1) * schrittweite ** 2;
    y1 INCR f(x,y,y1) * schrittweite;
    x INCR schrittweite;
    put(x);
    put (y);
    line;
  END REPEAT.

  hole anfangsbedingungen:
    REAL VAR x anfang, x,
             y anfang, y,
             y1 anfang, y1;
    put ("x-Anfang?");
    get (x anfang);
    x := x anfang;
    put ("y-Anfang?");
    get (y anfang);
    y := y anfang;
    put ("y1-Anfang?");
    get (y1 anfang);
    y1 := y1 anfang.

  hole schrittweite und obere schranke:
    REAL VAR schrittweite, rechts;
    put ("Schrittweite?");
    get (schrittweite);
    put ("Obere Schranke fuer x?");
    get (rechts).
```

in BASIC:

```
  10: REM DIFFERENTIALGLEICHUNG
  20: INPUT "X?", X: INPUT "Y?", Y
      INPUT "Y!?", Y1:
      INPUT "SCHRITTWEITE?", H
      INPUT "OBERE SCHRANKE?", S
  30: IF X>= S THEN 80
  40: Y=Y+Y1*H+(Y+X*Y1)*H**2
  50: Y1=Y1+2*(Y+X*Y1)*H
  60: X=X+H
  70: PAUSE "X:"; X; "Y:"; Y: GOTO 30
```

```
80: PRINT "X:"; X; "Y"; Y
90: END
```

Geben wir für die Variablen die folgenden Werte ein:

$$x \text{ anfang} := 0,$$
$$y \text{ anfang} := 1,$$
$$y1 \text{ anfang} := 0,$$
$$\text{schrittweite} := 0.1,$$

so erhalten wir die folgende Ausgabe:

0.1	1.01
0.2	1.040502
0.3	1.093149
0.4	1.170962
0.5	1.278611
0.6	1.422858
0.7	1.613236
0.8	1.863039
0.9	2.190786
1.	2.622348

Die Lösung der Differentialgleichung ist die Funktion

$$f(x) = e^{x^2},$$

deren Funktionswerte zum Vergleich wie folgt aussehen:

0.1	1.01005
0.2	1.040811
0.3	1.094174
0.4	1.173511
0.5	1.284025
0.6	1.433329
0.7	1.632316
0.8	1.896481
0.9	2.247908
1.	2.718282

Wie schon bei der Eulerschen – Polygonzug – Methode beobachten wir ein "Abschleudern" der Näherungskurve, das umso stärker wird, je mehr man sich vom Anfangswert entfernt. (s. Abb. 2.8)

Übungen:

1. Auf einem Pausenhof mit 1000 Schülern verbreitet sich ein Gerücht, das zur Zeit $t = 0$ von $y = 1$ Informierten gewußt wird. Die Ausbreitung durch mündliche Weitergabe zwischen einzelnen Informierten und Nichtinformierten hängt von der Zahl möglicher Kontakte

$$y \, (1000 - y)$$

ab. Aber nicht jeder mögliche Kontakt wird realisiert. Dieser Ansatz führt zur Differentialgleichung

$$y = 0.01 \cdot y \, (1000 - y)$$

mit der Anfangsbedingung $y(0) = 1$.
Nach welcher Zeit gehören alle Schüler zu den Informierten?

2. Im sogenannten Volterra – Modell gibt es $x(t)$ Hasen und $y(t)$ Füchse. Auf einer grünen Insel gibt es beliebig viel Gras. Hasen und Füchse vermehren sich; die Füchse fressen die Hasen, die Hasen fressen das Gras.
Plausibel ist der Ansatz eines simultanen Systems

$$x = ax - bxy \quad \text{und} \quad y = -cy + dxy.$$

Lösen Sie das Problem nach der dargestellten, numerischen Methode.

3. a) Lösen Sie mit der ”Parabelzug” – Methode die Differentialgleichung

$$y'' + y = 0$$

   mit den Anfangsbedingungen

$$y(0) = 1 \text{ und } y'(0) = 0.$$

   b) Versuchen Sie, aus den erhaltenen Werten oder analytisch eine Funktion anzugeben, die die Gleichung und die Anfangsbedingungen erfüllt.

4. Die Differentialgleichung

$$y'' + 2y' + 2y = 0$$

beschreibt eine gedämpfte Sinus – Schwingung mit einhüllender Exponentialfunktion

$$e^{-x}.$$

Bestimmen Sie eine Lösung mit der ”Parabelzug” – Methode.

5. Die Differentialgleichung

$$y'' + 2y' + 2y = 0.5 \cdot \sin 3x$$

beschreibt eine gedämpfte, harmonische Schwingung mit der Störfunktion

$$0.5 \cdot \sin 3x \, .$$

Bestimmen Sie eine Lösung der Differentialgleichung.

2.2 Extremwertsuche bei unimodalen Funktionen zweier Veränderlicher

Neben der Extremwertsuche bei Funktionen $y = f(x)$, die schon betrachtet worden ist, ergeben sich auch Optimierungsverfahren für unimodale Funktionen z.B. $z = f(x,y)$, d.h. auf ihrer gesamten Definitionsmenge streng monotone Funktionen. Unterstellen wir einmal eine Maximumsuche, so besitzen die Funktionen für $x = x_{max}$ und $y = y_{max}$ einen Wert

$$z_{max} = f(x_{max}, y_{max}),$$

so daß gilt

$$z_{max} > z$$

für alle x, y aus dem Definitionsbereich.

Solche Funktionen stellen eingipfelige Flächen im $x - y - z$ – Koordinatenraum dar.

Man stelle sich die $x - y$ – Grundebene mit einem quadratischen Raster, z.B. mit der Gitterkonstanten 1, unterlegt vor.

Der Computer beginnt an einem Startpunkt, z.B. $(0;0)$, ermittelt den zugehörigen z – Wert und sucht dann in den vier "Haupthimmelsrichtungen" die Punkte $(1;0)$, $(0;1)$, $(-1;0)$, $(0;-1)$ auf, wenn es die Definitionsmenge erlaubt. Der Gitterpunkt mit dem größten z – Wert ist Startpunkt der nächsten Auswahl, wobei in Kauf genommen wird, daß ein schon berechneter alter Wert noch einmal überprüft wird.

So "wandert" das Verfahren bis zu einem Punkt im Gitternetz, wo sich keine Verbesserung mehr ergeben kann. In diesem Augenblick wird das Gitternetz verfeinert, z.B. durch Halbierung, und das Verfahren erneut gestartet.

Statt nur in den vier "Haupthimmelsrichtungen" zu untersuchen, kann man auch vier "Nebenshimmelsrichtungen" (NO, SO, NW, SW) hinzunehmen und in acht Punkten untersuchen.

Programm zur Extremwertsuche

– in ELAN:

```
beginne am startort;
REPEAT
  wandere bis es nicht mehr hoeher geht;
  verkleinere die schrittweite
UNTIL schrittweite zu klein
END REPEAT;
gib aktuellen ort als ergebnis aus.


beginne am startort:
  REAL VAR x start, y start, startschritt;
  put ("Abszisse des Startpunktes?");
  get (x start);
  put ("Ordinate des Startpunktes?");
  get (y start);
  put ("Startschrittweite?");
  get (startschritt);
  REAL VAR x :: x start,
           y :: y start,
           schritt :: startschritt.

wandere bis es nicht mehr hoeher geht:
  REPEAT
    nimm bisher hoechsten ort;
    gehe nach osten;
    gehe nach sueden;
    gehe nach westen;
    gehe nach norden;
    IF kein hoeherer ort gefunden
      THEN LEAVE wandere bis es nicht mehr hoeher geht
    FI;
    notiere bisher bestes ergebnis
  END REPEAT.

nimm bisher hoechsten ort:
  REAL VAR bisher bestes x :: x,
           bisher bestes y :: y,
           bisher beste hoehe :: f(x,y).
```

```
gehe nach osten:
  IF f(x+schritt,y) > bisher beste hoehe
    THEN bisher bestes x := x + schritt;
         bisher beste hoehe := f(x+schritt,y)
  FI.

gehe nach sueden:
  IF f(x,y-schritt) > bisher beste hoehe
    THEN bisher bestes y := y - schritt;
         bisher beste hoehe := f(x,y-schritt)
  FI.

gehe nach westen:
  IF f(x-schritt,y) > bisher beste hoehe
    THEN bisher bestes x := x - schritt;
         bisher beste hoehe := f(x-schritt,y)
  FI.

gehe nach norden:
  IF f(x,y+schritt) > bisher beste hoehe
    THEN bisher bestes y := y + schritt;
         bisher beste hoehe := f(x,y+schritt)
  FI.

kein hoeherer ort gefunden:
  abs(x - bisher bestes x) < 0.00001
  AND abs(y - bisher bestes y) < 0.00001.

notiere bisher bestes ergebnis:
  x := bisher bestes x;
  y := bisher bestes y.

verkleinere die schrittweite:
  schritt := 0.5 * schritt.

schrittweite zu klein:
  abs(x + schritt - x) < 0.00001
  OR abs(y + schritt - y) < 0.00001.

gib aktuellen ort als ergebnis aus:
  put ("Maximum bei x =");
  put (x);
  put ("und y =");
  put (y);
  put ("mit einem Funktionswert von z =");
  put (f(x,y)).
```

Für die Anwendung des Verfahrens wird eine Funktionsprozedur f mit zwei Parametern benötigt:

```
REAL PROC f (REAL CONST x, y):
   5.0 - 2.0 * (x - 1.0)**2
         - 3.0 * (y - 2.0)**2
END PROC f;
```

Das ist ein nach unten geöffnetes Paraboloid mit dem Scheitel (1;2), das an dieser Stelle sein Maximum 5 erreicht.

Interessant ist auch eine rotationssymmetrische Gaußverteilung, wie sie sich zum Beispiel ergibt, wenn ein Schütze auf eine Scheibe schießt:

```
REAL PROC g (REAL CONST x, y):
   1.0/sqrt(2.0*pi) *
   exp(-((x-5.0)**2 + (y-5.0)**2)/2.0)
END PROC g;
```

Die überall definierte Glockenfläche besitzt ihr Maximum im Punkt (5;5), dem Mittelpunkt der Scheibe. Der zugehörige Maximalwert ist z = 0.3989423.

In den Naturwissenschaften gibt es Extremalprinzipien, z.B. Fermats Prinzip der kürzesten optischen Weglängen oder Le Chateliers Prinzip des kleinsten Zwanges, die für bestimmte Ausgangssituationen auf Abhängigkeiten von zwei unabhängigen Variablen führen. Wenn dann aus physikalischen Gründen eine unimodale Funktion unterstellt werden kann, bietet sich das geschilderte Verfahren zur Ermittlung des Minimums an. Am einfachsten geht man von einem Maximum zu einem Minimum über, indem man statt f(x,y) die Funktion −f(x,y) betrachtet. Prinzipiell gibt es keine Beschränkungen, das Verfahren auf mehr als zwei unabhängige Variable zu verallgemeinern.

Übungen:

1. Untersuchen Sie die Halbkugel

$$z = 36 - (x-\text{pi})**2 - (y-\text{pi})**2$$

im oberen Halbraum auf ihr Maximum.

2. Parametrisieren Sie das Verfahren einschließlich der Verwendung von Prozedurvariablen.

3. Computerorientierte Projekte

Projekttage und – wochen werden neuerdings häufiger an Schulen eingesetzt. In dieser Zeit wird der Stundenplan außer Kraft gesetzt und der Schüler hat die Möglichkeit, sich ausschließlich einem Vorhaben seiner Wahl zuzuwenden. Dadurch werden komplexere Zielsetzungen ermöglicht, deren Endprodukte in der Regel realitätsbezogen sind. Es wäre schade, wenn hier Mathematik und Datenverarbeitung zugunsten von Freizeitprojekten, ökologischen Planspielen u.ä, beiseite stehen müßten.

Vielmehr hilft die numerische und algorithmische Entlastung, die ein Computer bietet, umfangreiche Probleme zu wählen. Zugleich unterstützen höhere Programmiersprachen durch Gliederungsprinzipien die Teilung eines Projektes in modulare Einheiten mit definierten Schnittstellen, so daß arbeitsteilige Gruppenarbeit ermöglicht wird, über deren Entwicklung man sich auch gegenseitig verständigen kann. Drei Beispiele wollen wir hier vorstellen.

3.1 Cobweb – Modell

In einer Marktwirtschaft wird das Geschehen dadurch bestimmt, daß Produzenten auf der einen Seite ihre Güter unabhängig voneinander anbieten und auf der anderen Seite Konsumenten ihre Kaufentscheidung ebenfalls unabhängig voneinander treffen.

Das Verhalten

– der Produzenten bestimmt eine <u>Angebotsfunktion</u> f_A, die in Abhängigkeit von der erzeugten Menge x den Preis pro Mengeneinheit angibt. Im Normalfall gilt für die Produzentenseite, daß die Angebotsmenge für ein Gut um so höher ist, je höher der Preis ist, der dafür erzielt wird.

– der Konsumenten bestimmt eine <u>Nachfragefunktion</u> f_N, die in Abhängigkeit von der Nachfragemenge x den Preis angibt, zu dem der Käufer bereit ist, das Gut zu erwerben. Allgemein gilt, daß die Nachfragemenge für ein Gut umso geringer ist, je höher der Preis ist, der dafür gefordert wird.

Im Normalfall sind Angebotsfunktionen streng monoton zunehmend, Nachfragefunktionen streng monoton abnehmend.

In einer freien Marktwirtschaft stellt sich nun durch Angebot und Nachfrage ein

Gleichgewichtspreis ein, Marktpreis genannt.

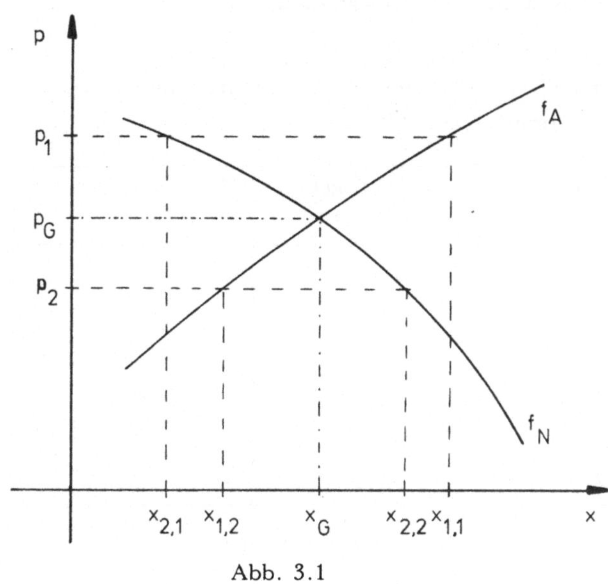

Abb. 3.1

Wir wollen den Vorgang beschreiben:

Zu einem bestimmten Preis p_1 ergibt die Angebotsfunktion, daß die Produzenten eine Menge $x_{1,1}$ anbieten können, zu diesem Preis ist die Nachfrage, $x_{1,2}$ aber geringer, so daß ein Angebotsüberschuß besteht. Der Produzent wird seinen Preis verringern.

Der Preis betrage nun p_2. Bei diesem Preis bieten die Produzenten die Menge $x_{2,1}$ an, die Nachfrage ist aber größer, $x_{2,2}$. Es besteht ein Nachfrageüberschuß. Der Preis steigt.

Beträgt der Preis p_G, so stimmen Angebot und Nachfrage überein. Wir sprechen von einem Gleichgewicht. Der Preis im Gleichgewichtspunkt ist p_G, der Marktpreis.

Sind Angebots – und Nachfragefunktionen analytisch gegeben, so können wir den Schnittpunkt durch die Lösung der Gleichung

$$f_A(x) = f_N(x)$$

bestimmen. Ist dies elementar nicht möglich, können wir mit Hilfe von Bisektion oder Newton – Verfahren eine Lösung approximieren.

Haben wir Werte aus empirischen Untersuchungen oder aus Erhebungen eines Marktforschungsinstituts wie sie z.B. in der Tabelle 3.1 zusammengestellt wurden,

so können wir die Punkte interpolieren, durch Splines oder durch Ausgleichskur—
ven beschreiben und die Schnittpunktbestimmung vornehmen. (s. Übung 1)

Beispiel:

Für Arbeitsschuhe wird der folgende Zusammenhang zwischen Preis und Angebot
bzw. Nachfrage ermittelt (aus [6]):

Preis in DM je Paar	Angebotsmenge in Paaren	Nachfragemenge in Paaren
21	1000	7000
22	1300	6400
23	2000	5500
24	2700	4550
25	3500	3500
26	4500	2300
27	5700	1300
28	7000	–

Tabelle 3.1

Wir können aber auch das oben beschriebene Verhalten mit Hilfe eines einfachen
Programms nachvollziehen und versuchen, den Marktpreis zu ermitteln.

```
FILE VAR a :: sequential file (input, "Angebote");
FILE VAR n :: sequential file (input, "Nachfrage");
ROW 8 ROW 2 INT VAR liste;
lies die konstanten ein;
hole den anfangspreis;
REPEAT
   ermittle angebotsmenge und nachfragemenge;
   gib den ueberschuss und die tendenz der preisentwicklung an;
   IF nachfrage <> angebot
     THEN hole einen neuen preis
   FI
UNTIL nachfrage = angebot
END REPEAT;
gib den marktpreis aus.

lies die konstanten ein:
   INT VAR i;
   FOR i FROM 1 UPTO 8
   REPEAT
```

```
      get (a, liste [i][1]);
      get (n, liste [i][2])
    END REPEAT.


  hole den anfangspreis:
    INT VAR preis;
    put ("Mit welchem Preis wollen Sie beginnen?");
    get (preis);
    line.


  ermittle angebotsmenge und nachfragemenge:
    INT VAR angebot :: liste [preis - 20][1],
            nachfrage :: liste [preis - 20][2].


  gib den ueberschuss und die tendenz der preisentwicklung an:
    INT VAR ueberschuss :: angebot - nachfrage;
    IF ueberschuss > 0
      THEN put ("Angebotsueberschuss:");
           put (ueberschuss);
           line;
           put ("Der Preis muss gesenkt werden!")
    ELIF ueberschuss < 0
      THEN put ("Nachfrageueberschuss:");
           put (ueberschuss);
           line;
           put ("Der Preis kann steigen!")
    FI;
    line.


  hole einen neuen preis:
    put ("Passen Sie sich der Preistendenz an!");
    get (preis);
    line.


  gib den marktpreis aus:
    put ("Der Marktpreis betraegt:");
    put (preis).
```

In vielen Sparten kann sich das Marktgleichgewicht bei Veränderung von Angebot oder Nachfrage nicht sofort einstellen.

Soll z.B. die Produktion eines Autowerkes gesteigert werden, so müssen unter Umständen neue Produktionsbänder geplant und aufgebaut werden, wofür eine gewisse Zeit notwendig ist, so daß die erhöhte Produktionsmenge erst nach diesem Zeitraum zur Verfügung steht.

Wir wollen uns ein typisches Beispiel aus der Landwirtschaft genauer ansehen, den sogenannten "Schweinezyklus".

Der Markt für Schlachtschweine unterliegt in der Bundesrepublik Deutschland großen Schwankungen in Preis und Menge.

	Schlachtmenge Schweine in 1000t	Erzeugerpreis für Schlachtschweine in DM je dt Lebendgewicht
1975		306.1
1976	2980.4	326.9
1977	2970.1	313.0
1978	3040.3	283.2
1979	3100.0	290.4
1980	3125.9	299.3
1981	3068.5	326.7
1982	3050.7	349.3

Tabelle 3.2
(aus [16])

Der Grund hierfür liegt im Verhalten der Landwirte. Ist das Angebot für Schweinefleisch gering, so erhöht sich der Preis. Bei einem hohen Preis für Schlachtschweine erhöhen die Landwirte ihre Produktion. Diese kommt dann nach 12 bis 18
Monaten auf den Markt, was, wenn eine große Anzahl von Landwirten so verfährt,
zu einem Überangebot führt. Der Preis für Schlachtschweine sinkt.

Die Produzenten von Schweinefleisch können sich nur mit Verzögerung dem Markt
anpassen.

Ein solcher Vorgang kann wie folgt aussehen (vgl. Abb. 3.2).

Das Gleichgewicht zwischen Angebot und Nachfrage wird durch den Punkt (x_0, p_0)
gegeben. Bei diesem Preis erhöht sich die Nachfrage und wir erhalten eine neue
Nachfragefunktion f_{N2}. Da sich die Angebotsanpassung x nicht sofort einstellen
kann, erhöht sich der Preis auf p_1. Die Landwirte sind bereit, bei diesem Preis die
Menge x_1 zu erzeugen. Steht diese Menge zur Verfügung, so fällt der Preis auf p_2.
Zu diesem Preis kann aber nur die Menge x_2 bereitgestellt werden. Dies hat eine
Preiserhöhung zur Folge und der Ablauf wiederholt sich. Je nach Verlauf der Graphen der Angebots– und Nachfragefunktionen wird sich wieder ein Gleichgewicht
einstellen. Preis und Menge konvergieren gegen den neuen Marktpreis p und gegen
x.

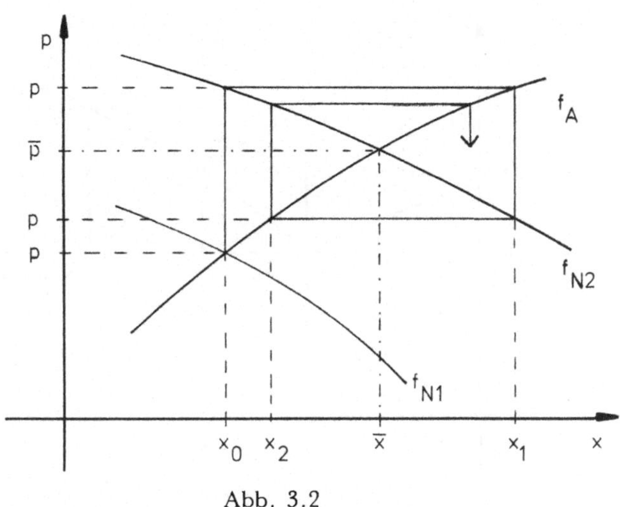

Abb. 3.2

Den so verlaufenden Anpassungsprozeß nennen wir implosiv oder konvergierend.
Zwei andere Fälle sind möglich
– der explosive oder divergierende Fall (Abb. 3.3)

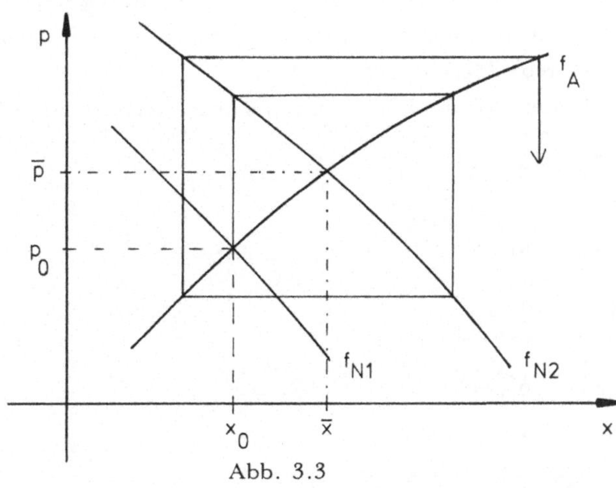

Abb. 3.3

Es wird sich kein neues Gleichgewicht einstellen. In der Praxis kommt dieser Fall
allerdings selten vor.
– der replosive oder revergierende Fall (Abb. 3.4)

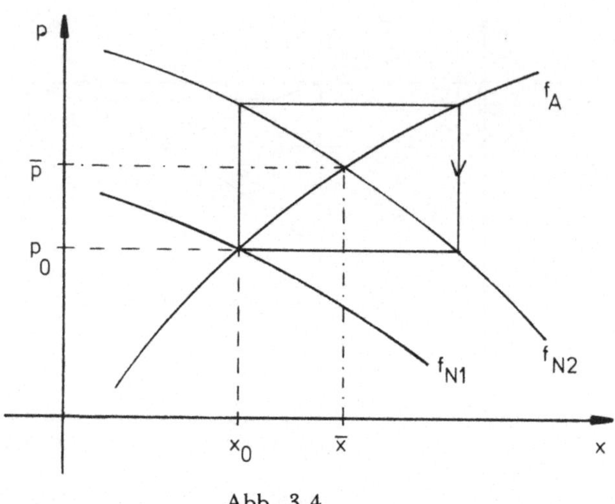

Abb. 3.4

Die Preise schwanken zwischen den Werten p_0 und p_1 und die Menge zwischen x_0 und x_1. In der Praxis kann ein solcher Prozeß entweder durch staatliche Eingriffe oder durch vorsichtigeres Handeln der Produzenten geändert werden.

Da die graphische Darstellung der drei denkbaren Entwicklungen von Menge und Preis einem Cobweb (Spinnennetz) ähneln, sprechen wir bei einem derartigen Verhalten vom "Cobweb – Modell". ([5], S. 403)

Mathematisch können wir die Entwicklung rekursiv beschreiben:

$$p_1 = f_{N2}(x_0)$$

$$p_{k+1} = f_{N2}(x_k) \tag{3.1}$$

$$p_{k+1} = f_A(x_{k+1})$$

$$\overline{\phantom{p_{k+1} = f_A(x_{k+1})}}$$

$$f_{N2}(x_k) = f_A(x_{k+1})$$

Beispiel:

Angebot und Nachfrage eines Gutes seien durch die Funktionen

$$f_A(x) = \frac{6}{5} x + 2 \tag{3.2}$$

und

$$f_{N1}(x) = -\frac{1}{12} x^2 + 10, \qquad x \in [2;10], \tag{3.3}$$

beschrieben. Wir berechnen den Marktpreis durch Gleichsetzen von (3.2) und (3.3):

$$\frac{6}{5} x + 2 = -\frac{1}{12} x^2 + 10$$

$$\frac{1}{12} x^2 + \frac{6}{5} x - 8 = 0$$

$$x = -19.36 \text{ ME oder } x = 4.96 \text{ ME}$$

Wegen der oben angegebenen Definitionsmenge kommt nur der zweite Wert in Frage. Der zugehörige Preis beträgt 7.95 GE/ME.

Bei diesem Preis erhöht sich nun die Nachfrage und wird durch die Funktion

$$f_{N2}(x) = -\frac{1}{10} x^2 + 14$$

beschrieben.

Programm zur Beobachtung der Marktanpassung

– in ELAN:

```
REAL PROC nachfrage (REAL CONST x):
  - 0.1 * x * x + 14.0 END PROC nachfrage;

REAL PROC f (REAL CONST x):
  5.0 * (x-2.0)/6.0
END PROC f;

gib den alten marktpreis ein;
berechne den erhoehten preis;
REPEAT
  ermittle das veraenderte angebot;
  IF angebot < 2.0 OR angebot > 10.0
    THEN stop
  FI;
  berechne den resultierenden preis
UNTIL preisbewegung zu gering
END REPEAT;
gib den neuen marktpreis aus.

gib den alten marktpreis ein:
  REAL VAR  preis;
  put ("Gib den alten Martkpreis ein:");
```

```
      get (preis);
      put ("Die angebotene Menge betraegt im
            Gleichgewichtspunkt");
      put (f(preis)).

  berechne den erhoehten preis:
    REAL VAR neuer preis :: nachfrage (f(preis));
    put ("Der Preis erhoeht sich auf");
    put (neuer preis);
    line.

  ermittle das veraenderte angebot:
    REAL VAR angebot := f(neuer preis);
    put ("Das Angebot betraegt jetzt");
    put (angebot);
    line.

  berechne den resultierenden preis:
    preis := neuer preis;
    neuer preis := nachfrage (angebot);
    put ("Bei diesem Angebot veraendert sich der Preis");
    line;
    put ("Er betraegt nun");
    put (neuer preis);
    line.

  preisbewegung zu gering:
    abs (neuer preis - preis) < 0.001.

  gib den neuen marktpreis aus:
    put ("Der neue Marktpreis betraegt");
    put (neuer preis);
    put ("bei einem Angebot von");
    put (f(neuer preis)).
```

in BASIC:

```
10: REM COBWEB
20: INPUT "STARTMENGE?", S
30: P=6*S/5+2: PRINT "PREIS:", P
40: P=-S*S/10+14: PRINT "NEUER PREIS:", P
50: A=5*(P-2)/6: PRINT "NEUES ANGEBOT:", A
60: PN=P: P=-A*A/10+14: PRINT "NEUER PREIS:", P
70: IF ABS(PN-P) > 0.01 THEN 50
80: PRINT "MARKTPREIS:", P
90: END
```

Die Programme benötigen zum einen die neuen Nachfragefunktion und zum anderen die Umkehrfunktion der Angebotsfunktion, um die zu einem sich ergebenden Preis gehörenden Angebotsmenge zu errechnen.
Beide Programme enthalten zwei Ausstiegsmöglichkeiten.
Die eine wird benötigt, wenn die Preisbewegung zu gering wird. Der zu diesem Augenblick bekannte Marktpreis wird als Ergebnis ausgegeben.
Den anderen Ausstieg brauchen wir, wenn die Menge über die Grenzen des Definitionsbereichs hinauswächst. In diesem Fall wird eine 'error' – Meldung ausgegeben.
Für unser Beispiel erhalten wir die folgende Ausgabe:

```
Die angebotene Menge betraegt im Gleichgewichtspunkt 4.958333.
Der Preis erhoeht sich auf 11.54149.
Das Angebot betraegt jetzt 7.951244.
Bei diesem Angebot veraendert sich der Preis.
Er betraegt nun 7.677772.
Das Angebot betraegt jetzt 4.731476.
Bei diesem Angebot veraendert sich der Preis.
Er betraegt nun 11.76131.
Das Angebot betraegt jetzt 8.134428.
Bei diesem Angebot veraendert sich der Preis.
Er betraegt nun 7.383109.
Das Angebot betraegt jetzt 4.485924.
Bei diesem Angebot veraendert sich der Preis.
Er betraegt nun 11.98765.
Das Angebot betraegt jetzt 8.323041.
Bei diesem Angebot veraendert sich der Preis.
Er betraegt nun 7.0727.

        usw.
```

Nach insgesamt 82 Preisberechnung stagniert das Verfahren. Der Preis pendelt zwischen 5.043079 und 13.35692.
Wollen wir die Rekursionsformel (3.1)ausnutzen, so müssen wir die Gleichung

$$- \frac{1}{10} x_k^2 + 14 = \frac{6}{5} x_{k+1} + 2$$

nach x_{k+1} auflösen.
Die Mengen werden dann mit Hilfe dieser Gleichung berechnet. Wir benötigen aber dennoch die neue Nachfragefunktion, um die zugehörigen Preise zu berechnen.

```
REAL PROC nachfrage (REAL CONST x):
  - 0.1 * x * x + 14.0
END PROC nachfrage;

REAL PROC f (REAL CONST x):
  - x * x / 12.0 + 10.0
END PROC f;

hole die daten des alten marktpreises;
berechne den erhoehten preis;
REPEAT
  ermittle das veraenderte angebot;
  IF angebot < 2.0 OR angebot > 10.0
    THEN stop
  FI;
  berechne den resultierenden preis
UNTIL preisbewegung zu gering
END REPEAT;
gib den neuen marktpreis aus.

hole die daten des alten marktpreises:
  REAL VAR  preis, angebot;
  put ("Gib den alten Martkpreis ein:");
  get (preis);
  put ("Die angebotene Menge betraegt im
        Gleichgewichtspunkt");
  get (angebot.

berechne den erhoehten preis:
  REAL VAR neuer preis :: nachfrage (angebot);
  put ("Der Preis erhoeht sich auf");
  put (neuer preis);
  line.

ermittle das veraenderte angebot:
  REAL VAR altes angebot := angebot;
  angebot := f(altes angebot);
  put ("Das Angebot betraegt jetzt");
  put (angebot);
  line.

berechne den resultierenden preis:
  preis := neuer preis;
  neuer preis := nachfrage (angebot);
  put ("Bei diesem Angebot veraendert
        sich der Preis!")
  line;
```

```
put ("Er betraegt nun");
put (neuer preis);
line.
```

Die fehlenden Refinements können aus dem ersten Programm unverändert übernommen werden.

Einfacher werden die Berechnungen, wenn die Funktionen durch Geraden gegeben
sind:

$$f_A (x) = a_0 x + b_0$$

$$f_{N1}(x) = a_1 x + b_1$$

$$f_{N2}(x) = a_2 x + b_2$$

Mit Hilfe der Rekursion (3.1) ergibt sich

$$x_{k+1} = \frac{a_2}{a_0} x_k + \frac{b_2 - b_0}{a_0}$$

$$= a^{k+1} x_0 + \frac{a^{k+1} - 1}{a - 1} \cdot \frac{b_2 - b_0}{a_0}$$

mit

$$a := \frac{a_2}{a_0} \; ,$$

wobei $(x_0, f_{N1}(x_0))$ der anfängliche Gleichgewichtspunkt ist.

Sind Nachfrage – oder Angebotsfunktion nicht linear, so können sie durch solche
approximiert werden. Auf die Approximationskurven kann dann die Rekursionsformel (3.4) angewandt werden.

Übungen:

1. Ermitteln Sie mit Hilfe der Programme in Kapitel 1.1.4 und 4.1 für das Einführungsbeispiel S. 170 zwei
   a) Interpolationsfunktionen,
   b) Ausgleichsfunktionen durch die angegebenen Stützpunkte (Tabelle 3.1) und
   berechnen Sie näherungsweise den Gleichgewichtspunkt.

2. Die Angebots – und Nachfragefunktion für eine Ware werden durch die folgenden Gleichungen gegeben:

$$f_A(x) = 2x + 1$$

$$f_{N1}(x) = -x + 3$$

$$f_{N2}(x) = -x + 5$$

Schreiben Sie ein Programm, daß unter Verwendung von Gleichung (3.4) den neuen Marktpreis ermittelt, der sich nach dem Cobweb – Modell einstellt.

3. Für ein landwirtschaftliches Gut wird die Nachfrage zunächst durch die Funktion

$$f_{N1}(x) = -\frac{2}{3}x + 9$$

und später durch die Funktion

$$f_{N2}(x) = -\frac{2}{3}x + 12$$

beschrieben. Welche Preisentwicklung ergibt sich, wenn das Angebot durch die folgenden Funktionen beschrieben werden:

a) $f_A(x) = x + 4$

b) $f_A(x) = \frac{2}{3}x + 5$

c) $f_A(x) = \frac{3}{5}x + \frac{26}{5}$

3.2 Feigenbaum – Iteration

Iterationen sind in diesem Buch bereits besprochen worden, explizit im Zusammenhang mit dem Newton – Verfahren, dem Banachschen Fixpunktsatz, dem Heron – Algorithmus und dem Cobweb – Modell, aber auch implizit an vielen Stellen, an denen wertüberschreibende Anweisungsfolgen in einem Schleifenrumpf vorkamen. In allen bisher entwickelten Beispielen kam es auf die Konvergenz der Verfahren an. Wir erinnern: die Konvergenz des Heron – Verfahrens haben wir z.B. der Konvergenz des Newton – Verfahrens untergeordnet. Heron war Bibliothekar in der berühmten Bibiothek von Alexandria und hat das rund 4000 Jahre alte konvergente Verfahren von den Sumerern übernommen. Umso erstaunlicher ist es, daß in der Gegenwart erst in den letzten Jahren Entdeckungen gemacht worden sind, welche die divergente Seite von Iterationsverfahren untersuchen und mit Hilfe des Computers zu überraschenden Ergebnissen kommen.

Wir beginnen noch einmal mit Iterationen

$$x = f(x)$$

Nachdem lineare Funktionen f bereits betrachtet worden sind, untersuchen wir noch einmal die nächst einfache Funktionenklasse, quadratische Funktionen. Der Gedanke liegt nahe, quadratische Gleichungen auf diese Weise iterativ zu lösen.

Beispiel: Wo liegt die Nullstelle von

$$y = x^2 - 6x + 7 \; ?$$

Um obige Iterationsform zu erreichen, spalten wir das lineare Glied auf:

$$x = x^2 - 5x + 7$$

Führen wir diese Iteration am Taschenrechner durch, so stellen wir schnell die Divergenz des Verfahrens fest, die nach den früher entwickelten Konvergenzkriterien auch zu erwarten ist; an der Schnittstelle der Geraden $y = x$ mit der Parabel $y = x^2 - 5x + 7$ ist die Parabel zu steil. Hier hilft eine naheliegende Transformation (senkrechte affine Abbildung) auf eine flachere Parabel mit invarianter Nullstelle.

$$x^2 - 6x + 7 \quad \text{und} \quad \frac{1}{4}(x^2 - 6x + 7)$$

haben dieselbe Nullstelle. Der rechte Term führt auf die Iteration

$$x := \frac{1}{4}(x^2 - 2x + 7)$$

und diesmal konvergiert das Verfahren gegen die richtige Nullstelle

$$x_0 = 3 - \sqrt{2} \approx 1.589.$$

Im Zuge solcher Untersuchungen werden wir auch Parabeln betrachten, die nach unten geöffnet sind.

Für

$$x = a * x * (1.0 - x)$$

gibt es mehrere gute Einstiege. Da wir an diese Funktion fast alle kommenden

Entwicklungen anknüpfen werden, sollen zwei unabhängige Einstiege betrachtet werden.

x kann interpretiert werden als ein Beamtengehalt. Dann wird mancher mit $a > 1$ eine Gehaltsaufbesserung erwarten:

$$x_{n+1} = a \, x_n \qquad (a>1)$$

ist ein für Beamte naheliegender Ansatz. Aber das Finanzamt langt progressiv zu:

$$x_{n+1} = a \, x_n - a \, x_n^2.$$

Ein mathematisch interessanter Ansatz kommt von der logistischen Differentialgleichung

$$\dot{y} = a \, y \, (b - y).$$

Man kann grundsätzlich eine solche Differentialgleichung in eine Differenzengleichung überführen. Wir setzen

$$\Delta t = 1 \text{ und } \Delta y = y_{t+1} - y_t$$

$$y_{t+1} - y_t = a \, y_t (b - y_t)$$

$$y_{t+1} = a \, y_t \left((b + \frac{1}{a}) - y_t \right).$$

Die Transformation

$$x = \frac{ay}{ab + 1} \qquad \text{bzw.} \qquad y = (b + \frac{1}{a}) \, x$$

ergibt

$$x_{t+1} = (ab + 1) \, x_t \, (1 - x_t)$$

und damit unsere Parabel

$$x_{t+1} = c x_t (1 - x_t).$$

Wir kommen nun zu den Feigenbaum – Phänomenen und bleiben bei der Parabel im Cobweb

$$x := f(x)$$

$$f(x) = a\,x\,(1 - x)$$

Die Abbildung hat zwei Fixpunkte,

$$x_1 = 0 \text{ und } x_2 = 1 - \frac{1}{a}\,.$$

Wir interessieren uns für den zweiten und variieren den Parameter a, beginnend mit a = 2. Wegen des waagerechten Schnitts der Parabel muß Konvergenz mit dem Schnittpunkt x = 0.5 auftreten (Abb. 3.5). Aus der eindimensionalen Folge der Ergebnisse kann man eine zweidimensionale Graphik durch eine Abbildung

$$\mathbb{N} \longrightarrow \{f(x)\}$$

herleiten, die mit anderer Anschauung den erwarteten Sachverhalt zeigt (Abb. 3.6). In der Gehaltsinterpretation wird man bei steigendem Einkommen, aber noch schneller steigenden Abzügen eine Sättigung voraussehen. Stagnation tritt bei a = 3 ein, oberhalb ist 0.5 offenbar kein Fixpunkt mehr (Abb. 3.7). Für a = 3.3 beobachtet man sowohl im Cobweb an den stärkeren – weil immer wieder durchfahrenen – Linien (Abb. 3.8), wie auch in der zweidimensionalen Darstellung der Ergebnisfolge (Abb. 3.9) neue Resultate: zwei Punkte

$$x_1 = 0.479 \text{ und } x_2 = 0.823$$

("Attraktoren") verhalten sich ähnlich wie vorher der einzige Fixpunkt. Für a = 3.5 tritt das entsprechende Phänomen bereits vierfach auf. Wie ist das zu erklären? (Abb. 3.10)

Zur Klärung ist es nützlich, sich die verkettete Funktion

$$f(x) = ax\,(1 - x)$$

$$g(x) = f(f(x)) = a[ax\,(1 - x)](1 - [ax(1 - x)])$$

anzuschauen.

$$g(x) = a^2 x - a^2(1 + a)x^2 + 2a^3 x^3 - a^3 x^4$$

ist eine ebenfalls zur Geraden x = 0.5 symmetrische Funktion 4. Grades, welche die Winkelhalbierende y = x an zwei Stellen flach schneidet (Abb. 3.11).

Wenn wir zwei Iterationsschritte als einen Hyperschritt auffassen, muß unter bestimmten Bedingungen Wiederholung auftreten:

$$x_2 = f(x_1)$$

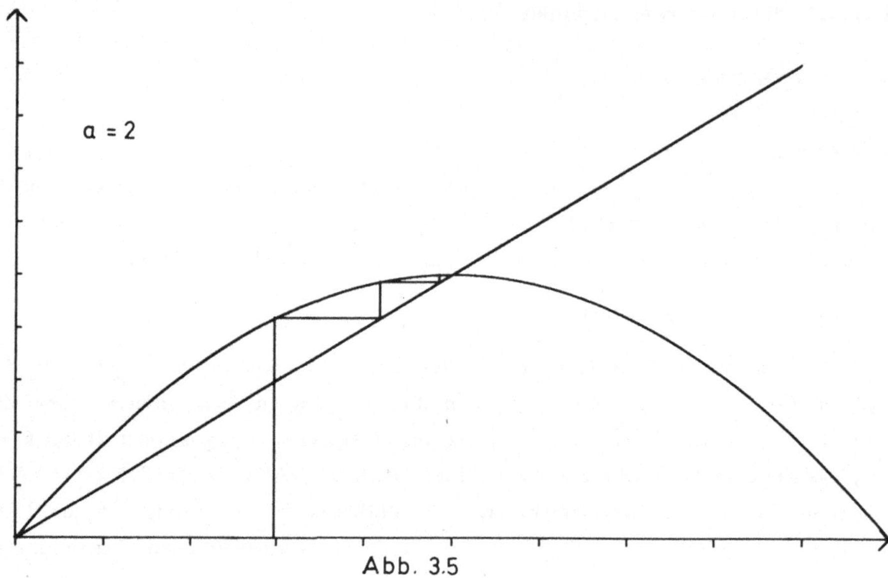

Abb. 3.5

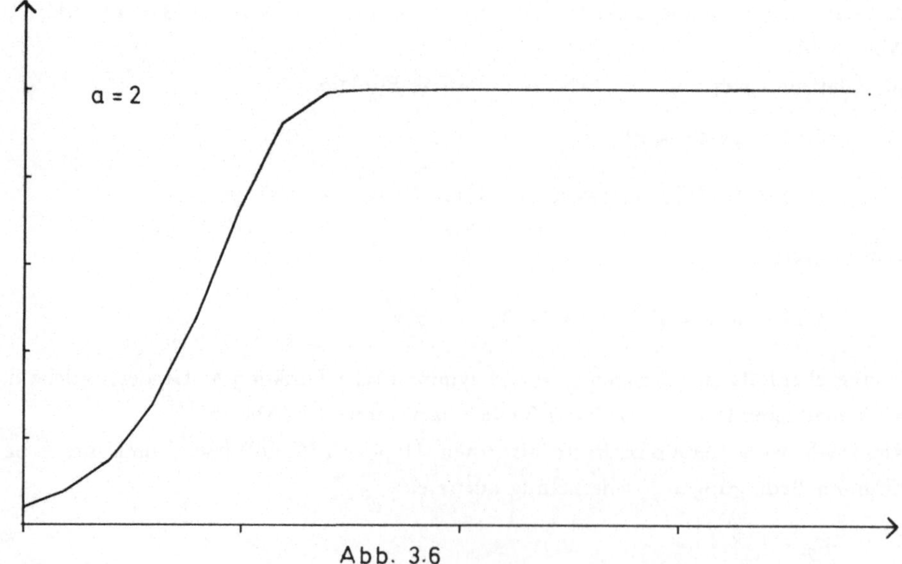

Abb. 3.6

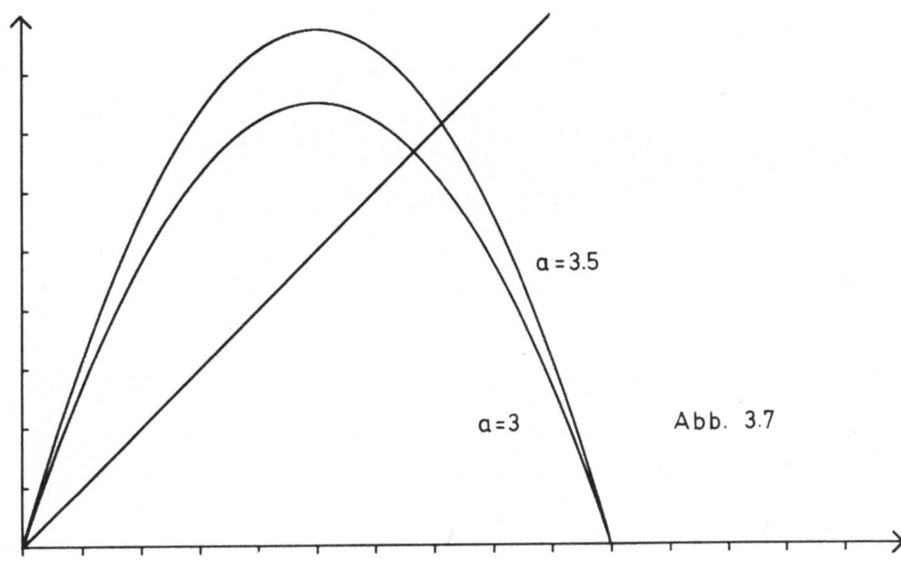

Abb. 3.7

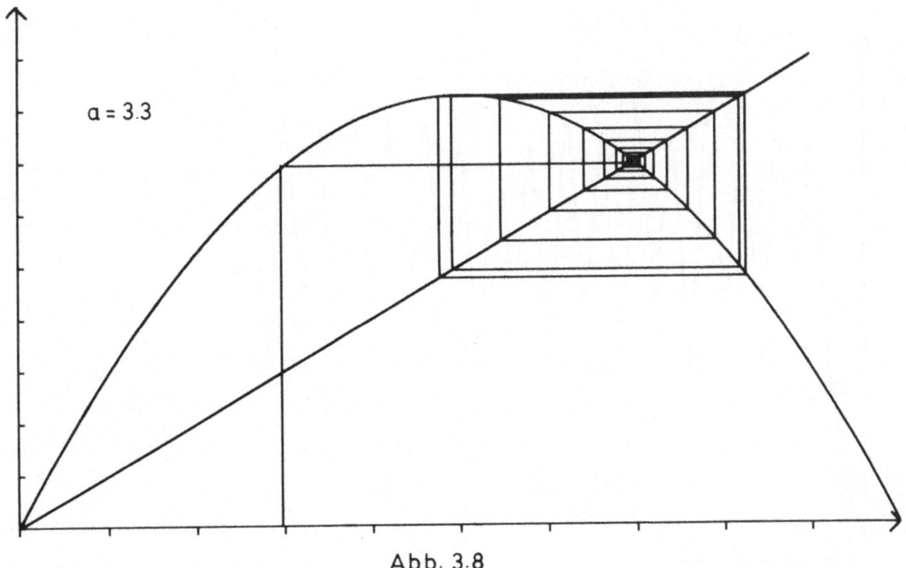

Abb. 3.8

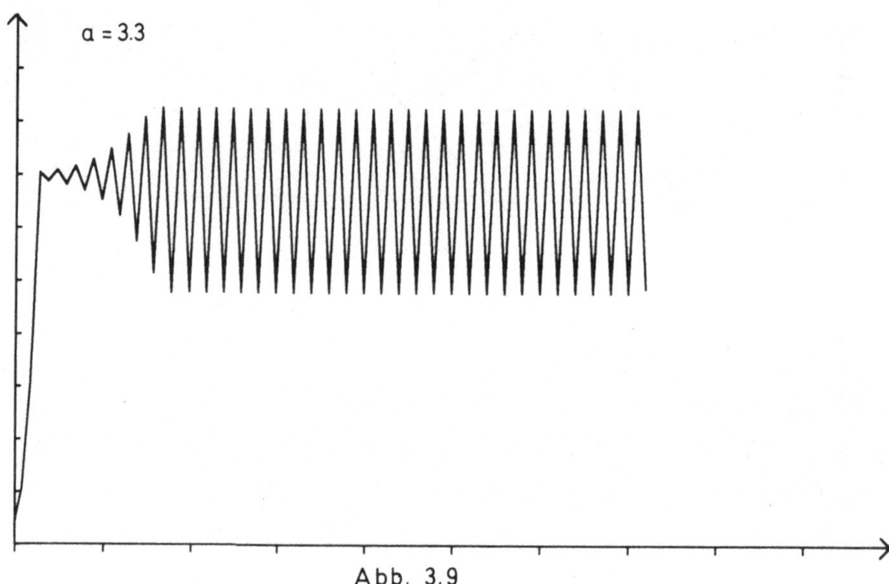

Abb. 3.9

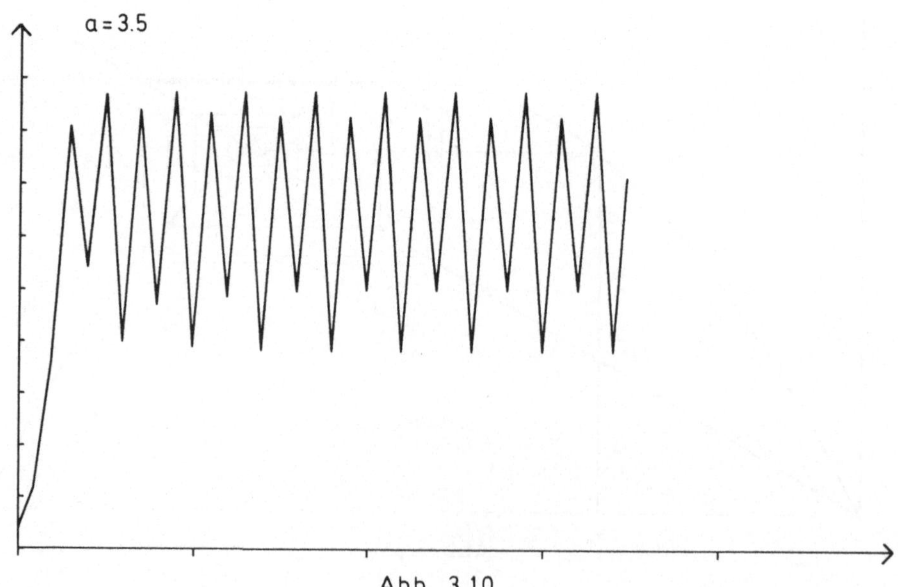

Abb. 3.10

$$x_1 = f(x_2) = f(f(x_1)).$$

Wir präzisieren durch den Satz:

$$f(f(x_1)) = x_1 \iff (f(f(x_1)))' = (f(f(x_2)))'$$

Es müssen also an den beiden betreffenden Stellen parallele Steigungen vorhanden sein, wie auch Abb. 3.11 deutlich ausweist.

Beweis:

$$(f(f(x)))' = f'(f(x)) \, f'(x)$$

nach der Kettenregel

$$(f(f(x_1)))' = f'(f(x_1)) \, f'(x_1) = f'(x_2) \, f'(x_1)$$

$$(f(f(x_2)))' = f'(f(x_2)) \, f'(x_2) = f'(x_1) \, f'(x_2)$$

Der Beweis läßt sich in beiden Richtungen durchlaufen. (s. auch Übung 3 und 4)
Nun können wir dieses Prinzip fortsetzen. Mit langsam wachsendem a wird die Parabel – und damit auch ihr Schnitt mit der Winkelhalbierenden – steiler. Das gilt zugleich auch für die beiden Schnitte der verketteten Funktion f(f(x)) mit der Winkelhalbierenden (Abb. 3.12). Für a = 3.51 muß bereits die vierfach verkettete Funktion angegangen werden, damit man an vier Stellen flache Schnitte erhält. Das ist bereits eine Funktion 16. Grades (Abb. 3.13). An dieser Stelle erweist es sich als günstig, daß in ELAN rekursive Funktionsaufrufe möglich sind.

Cobweb – Programm für die vierfach iterierte Funktion

– in ELAN:

```
REAL PROC g4 (REAL CONST x):
  g(g(g(g(x))))
END PROC g4;

REAL PROC g (REAL CONST x):
  a * x * (1.0 - x)
END PROC g;
```

```
REAL PROC f (REAL CONST x):
  x
REAL PROC f;

LET a = 3.5;
axis;
plot function (PROC f);
return;
LET startwert = 0.2;
REAL VAR x := startwert;
REPEAT
  drawto (x, g(x));        (*senkrechter Zug*)
  x := g4(x);
  drawto (x,x)             (*waagerechter Zug*)
END REPEAT.
```

Wieweit man in den Graphiken mit immer vorsichtigeren Erhöhungen des Parameters a dieses Prinzip der Attraktorenverdoppelung forsetzen kann, hängt von der Güte des Plotters ab. Die Funktion 'g8'

```
REAL PROC g8 (REAL CONST x):
  g4 (g4 (x))
END PROC g8;
```

ist bereits von 256. Grad und muß z.B. für a = 3.55 eingesetzt werden.

Bei geringfügig höherem a werden die Perioden endgültig aufgegeben: es bricht Chaos aus (Abb. 3.14), nachdem sich die Attraktoren vorher immer schneller verdopelt haben. Die Zahlenfolge wird so unregelmäßig, daß man das Programm als Zufallsgenerator verwenden kann.

Das bedeutet zugleich, daß nahe benachbarte Anfangswerte nicht beieinander zu bleiben brauchen. Das zeigt in einem groben Raster bereits ein kleines BASIC – Programm:

```
10: REM FEIGENBAUM
20: INPUT "PARAMETER A", A
30: X1=0.1
40: X2=0.6
50: PRINT TAB (20*X1+1)
60: PRINT TAB (20*X2+2)
70: X1=A*X1(1-X1)
80: X2=A*X2(1-X2)
90: GOTO 50
```

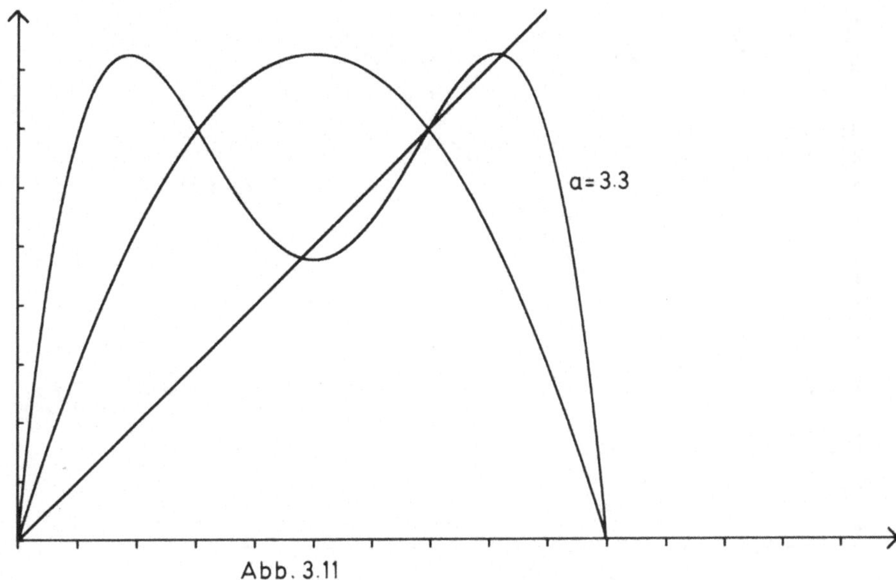

Abb. 3.11

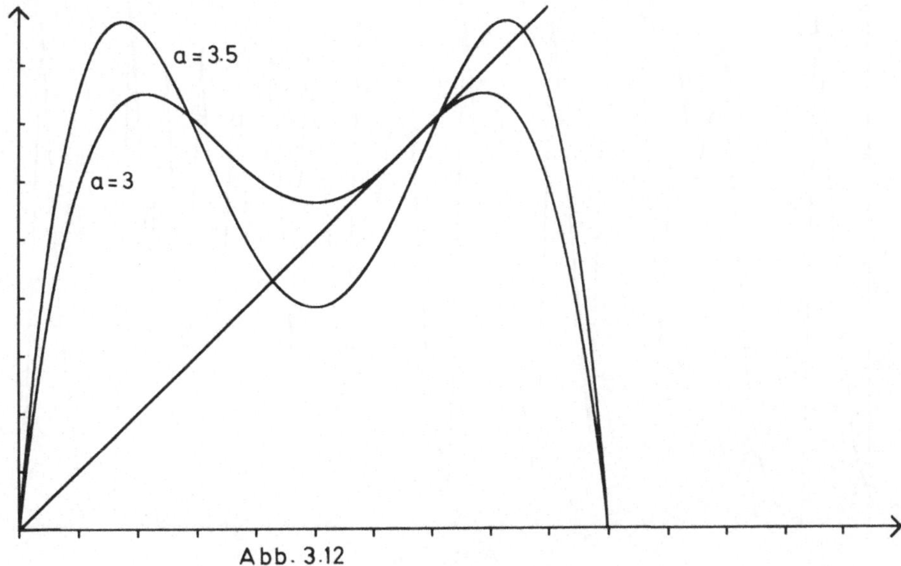

Abb. 3.12

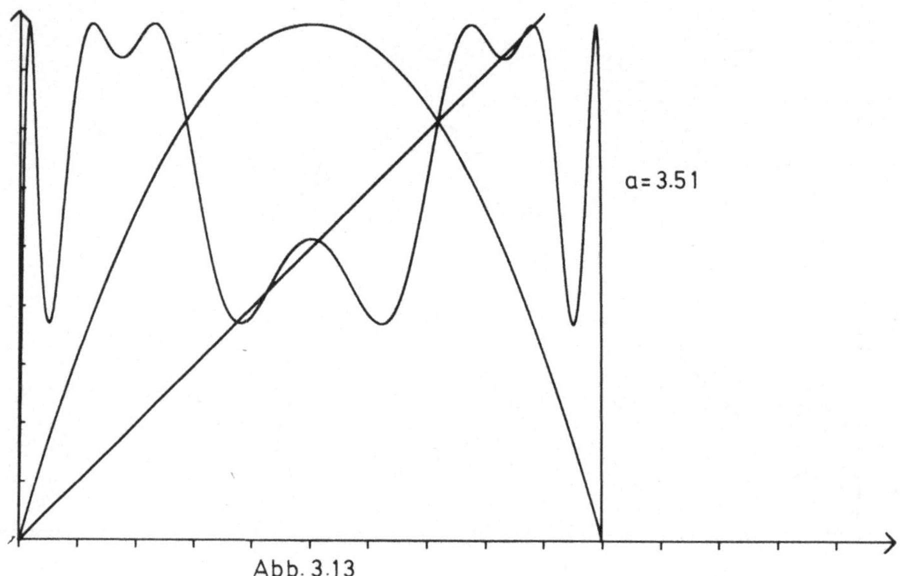

Abb. 3.13

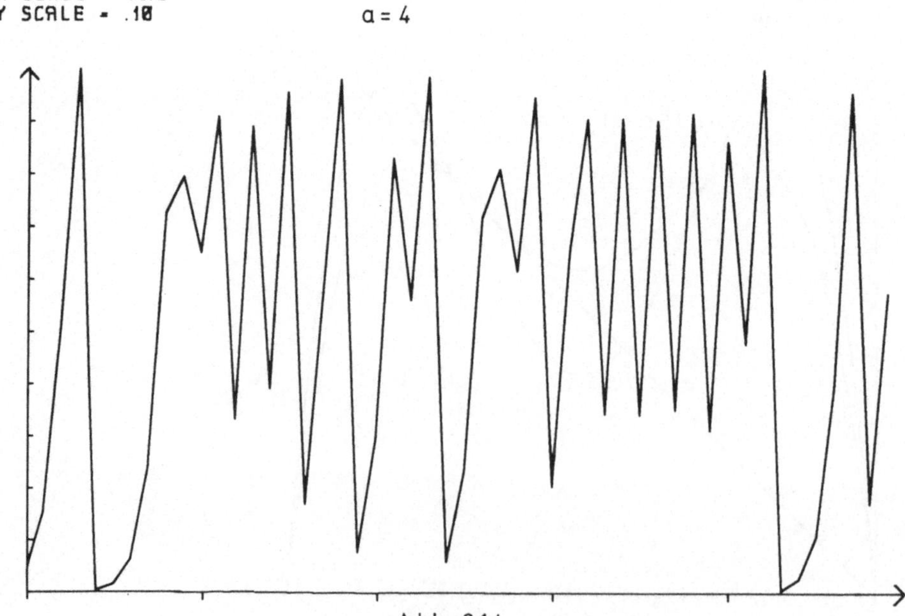

A bb. 3.14

Hier kann nur angedeutet werden, daß damit Anwendungsmöglichkeiten für Modelle entstehen, die sich auf Turbulenzen in Flüssigkeiten, Wettervorhersage u.ä. beziehen, wo geringfügig veränderte Ursachen nach einer Anzahl von Iterationen weit unterschiedliche Wirkungen zeigen.

In der klassischen Mechanik des Stoßverhaltens von zwei Massenpunkten haben gleiche Ursachen gleiche Wirkungen, die über Impuls – und Energiesatz berechnet werden. Nur über einen solchen Kausalzusammenhang kann man z.B. in der Wissenschaft Experimente sinnvoll wiederholen und Ergebnisse durch Reproduktion bestätigen.

Aber man erwartet auch für ähnliche Ursachen ähnliche Wirkungen, also eine Extrapolation des Kausalgesetzes in die Kontinuität, weil immer ein gewisser Spielraum für die Herstellung der Anfangsbedingungen und Beobachtungsfehler bleiben muß. Für viele Einzelvorgänge trifft dieses erweiterte Kausalitätsgesetz auch zu.

Die Feigenbaum – Phänomene lehren jedoch, daß dergleichen für eine Kette (Iteration) von Vorgängen nicht mehr zu gelten braucht, sondern schnell unberechenbare Wirkungen (Chaos) auftreten.

Im Zweidimensionalen kann man solche Phänomene durch die Abbildungen

$$x' = f(x) + y \; ; \; y' = bx \text{ für } b<1$$

verfolgen. (Abb. 3.15)

Interessant ist es auch, statt der bisher verwendeten Parabel andere symmetrische Funktionen einzusetzen, wie z.B. den Halbkreis:

$$x := a * \sqrt{(x * (1.0 - x))}$$

oder die sin – Funktion

$$x := a * \sin(\pi * x)$$

oder gar eine nichtdifferenzierbare Funktion

$$x := a * (1.0 - 2.0 * |(x - 0.5|).$$

Überall findet man im divergenten Bereich Attraktoren – Verdoppelung und anschließend Übergang zu Chaos.

Die weiterführenden Ergebnisse Feigenbaums beziehen sich auf universelle Konstanten, die in der Attraktoren – Folge unabhängig von der verwendeten Funktion auftreten und sind schulisch nicht ohne weiteres zugänglich.

Schon die bisherigen Phänomene sind lehrreich im Sinne einer Warnung, bei Simulationen mit nichtlinearen Funktionen nicht zu vielen Iterationen zu vertrauen, weil die beobachteten Übergänge zu chaotischem Verhalten auftreten können.

X SCALE = .10
Y SCALE = .10
a = 3
b = 0.3
$x' = f(x) + y$
$y' = b \cdot x$
$f(x) = a \cdot x (1 - x)$
$x_0 = 0.05$
$y_0 = 0.06$

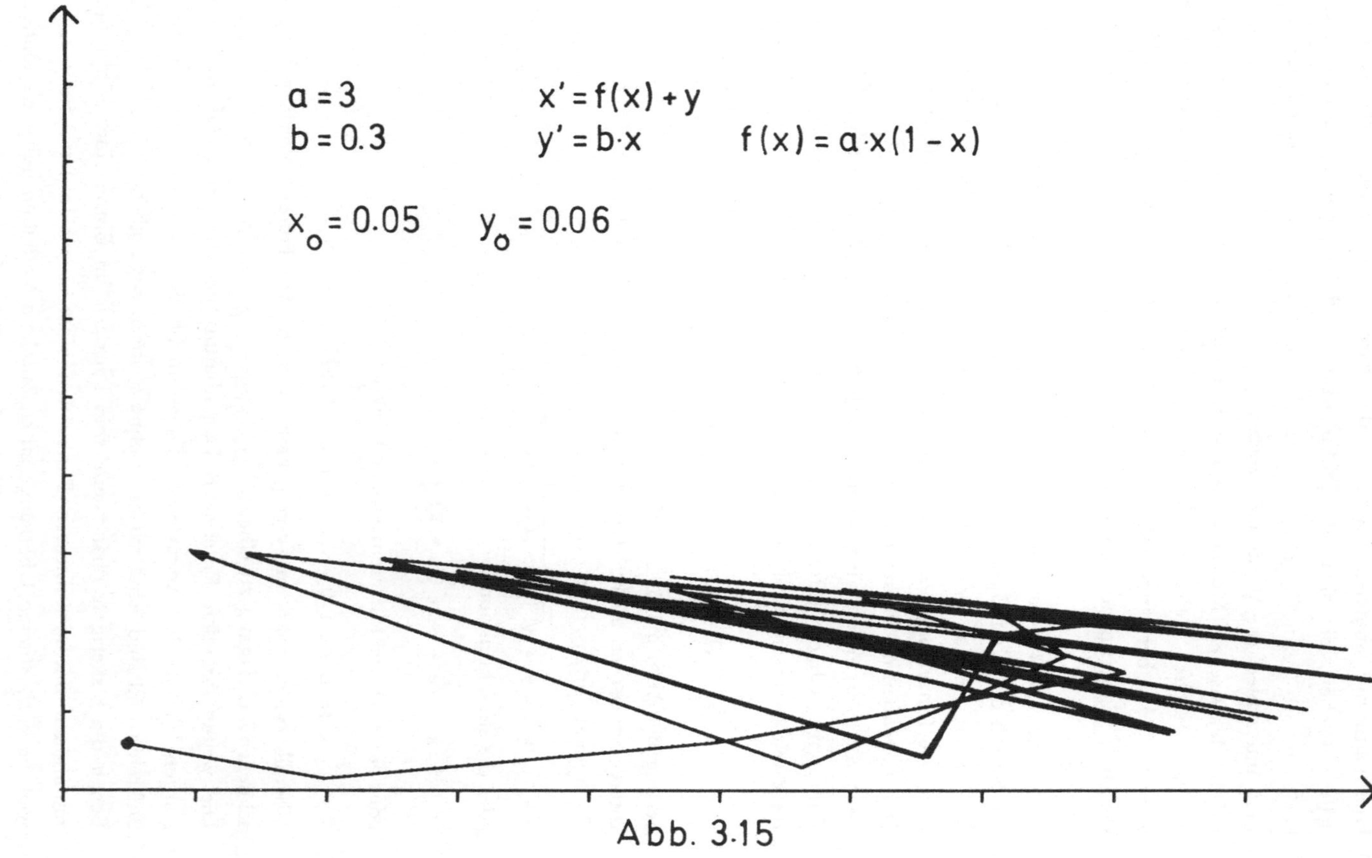

Abb. 3.15

Übungen:

1. Überführen Sie die Differentialgleichung

$$y' = ky$$

mit der Anfangsbedingung

$$y(0) = y_0$$

in eine lineare Differenzengleichung erster Ordnung durch den Ansatz $t = 1$.

2. Suchen Sie zur Verzinsungsformel

$$K_{t+1} - K_t = \frac{p}{100} K_t$$

die zugehörige Differentialgleichung und lösen Sie sie durch Trennung der Variablen, sowie durch ein numerisches Verfahren.

3. Zeigen Sie:
Dort, wo $f(x)$ ein Maximum besitzt, hat $f(f(x))$ ein Minimum.

4. Zeigen Sie:
Mit $f(x)$ ist auch $f(f(x))$ symmetrisch.

3.3 Splinefunktionen

Das menschliche Auge kann erkennen, daß die Kleeblattschlinge eines Autobahnkreuzes (vgl. Abb. 3.16) keineswegs einen Kreisausschnitt darstellt. An einem kleinen Experiment mit einer Spielzeugeisenbahn, bestehend aus einem "Oval" mit zwei Halbkreiskurven, erkennt man auch rasch den Grund. Dem Autofahrer soll der Ruck, d.h. die Beschleunigungsänderung, nicht zugemutet werden, welche die Lokomotive erleidet, wenn sie aus der Geraden mit der Krümmung 0 in den Halbkreis mit der endlichen Krümmung 1/r in rascher Fahrt einbiegt. Vielmehr soll die Krümmung allmählich bis zum notwendigen Wert wachsen, dann gegebenenfalls konstant bleiben. Dann muß sie schließlich langsam wieder bis zur Einmündung in die neue Fahrtrichtung auf Null abgebaut werden.
In unserem Projekt soll es nicht um die Konstruktion einer Kleeblattschlinge gehen, obwohl auch eine solche Aufgabe reizvoll und computernutzend laufen kann. (Hinweis: Herleitung der Fresnelintegrale aus der dynamischen Grundbedingung

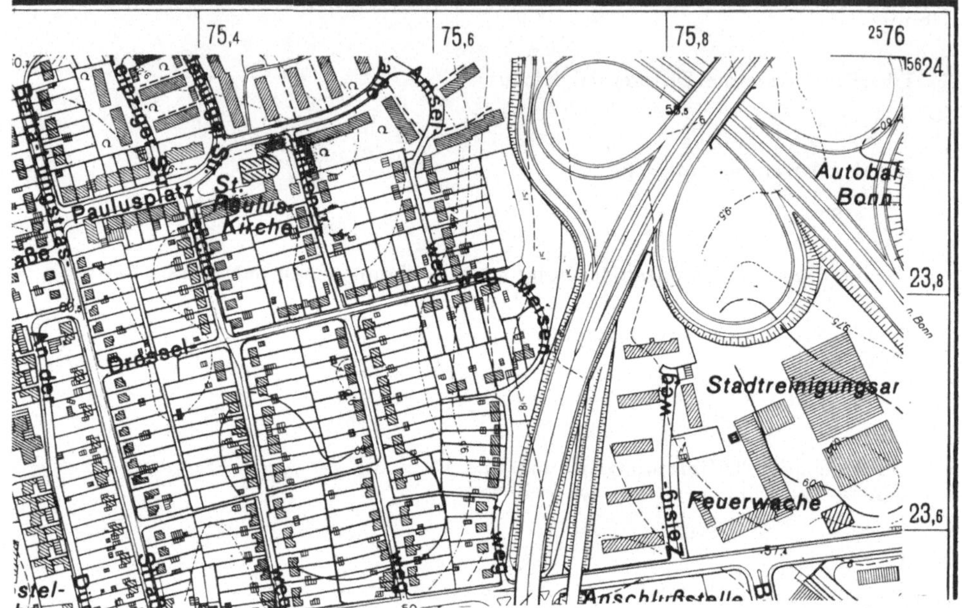

Abb. 3.16   mit Genehmigung des
Kataster- und Vermessungsamtes Bonn

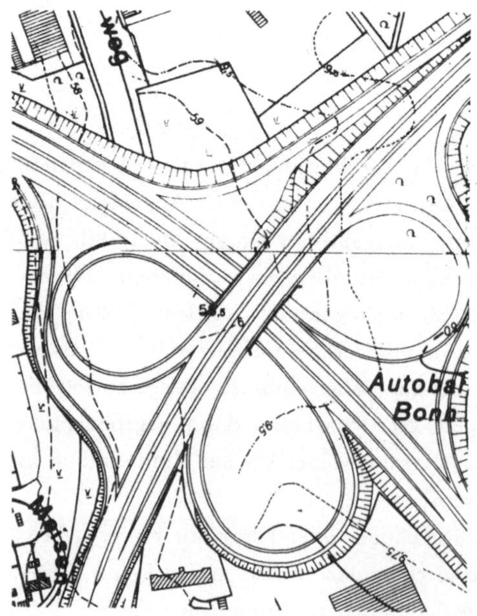

Abb. 3.17

mit Genehmigung des
Kataster- und Vermessungsamtes Bonn

Radialbeschleunigung a = k * Bogenlänge

und Lösung der Integrale durch Simpsonintegration mit gleichzeitigem Plotten der Klotoide.) Wir werden fertige Autobahnschlingen vornehmen, deren Krümmungen analysieren und mit Grenzwerten für Höchstgeschwindigkeiten vergleichen, die die Richtlinien für den Straßenbau vorschreiben. Gut ist es, wenn man aus der lokalen Umgebung zwei recht unterschiedliche Lösungen präsentieren kann. Wir zeigen hier den vergrößerten Ausschnitt einer Schlinge des Autobahnkreuzes Bonn – Nord (Maßstab 1 : 2000) im Vergleich zum Anschluß Bonn – Poppelsdorf, wo enge städtische Bebauung keine bessere Führung zuläßt. (Vgl. Abb. 3.17 und Abb. 3.18)
In die Abbildung 3.17 werden Stützpunkte eingezogen. Da die Schlinge im mathematischen Sinn keine Funktion in einem $x-y$-Koordinatensystem darstellt, wird zunächst versucht, sie in 2 Teilstücke zu zerlegen: Stützpunkte 1 bis 10 und 11 bis 15.
Als erstes werden die Stützpunkte durch Polynome 9. bzw. 4. Grades interpoliert, was keine Schwierigkeiten bereitet. Das Ergebnis befriedigt allerdings nicht, denn insbesondere die Funktion 9. Grades ist an den Randstellen sehr "wellig". Sie kommt also für eine Beschreibung des Krümmungsverhaltens nicht in Frage.
Die Funktion 4. Grades erfüllt ihre Aufgabe schon besser für das zweite Teilstück. Deshalb liegt der Gedanke nahe, mehrere Poylnome niedrigeren Grades zur Nachbildung der Kleeblattschlinge zu benutzen. Schließlich sind Polygone als Polynome ersten Grades , sogenannte Fieberkurven, bekannt, z.B. auch als Näherungen für Lösungen von Differentialgleichungen. Solche Poylgonzüge haben jedoch zu spitze Übergänge an den Nahtstellen, so daß sie für unser Problem ungeeignet sind. Als voraussichtliche Verbesserung wählen wir Polynome 3. Grades, kubische Splines, mit der Zusatzbedingung, daß an allen inneren Nahtstellen nicht nur die Funktionswerte, sondern auch die ersten und zweiten Ableitungen des linken und rechten Polynoms gleich sein sollen.
Für n Stützpunkte und somit $n-2$ innere Stützpunkte resultieren $2(n-2)$ Gleichungen für die Ableitungen und $2(n-2)$ Punktbedingungen, für die 2 äußeren Punkte kommen 2 Punktbedingungen dazu, so daß sich $4n-6$ Gleichungen ergeben. Andererseits erfordern n Stützpunkte $n-1$ Polynome mit $4(n-1)$ Koeffizienten. Die fehlenden zwei Gleichungen kann man z.B. leicht durch die naheliegenden Randbedingungen

$$y''(x_1) = y''(x_n) = 0$$

ergänzen.

Auf diese Weise erhalten wir für n = 10 Stützpunkte ein relativ aufwendiges Gleichungssystem mit 36 Gleichungen. Die umfangreiche, wenn auch dünn besetzte Matrix wird eingegeben, eine Gaußelimination wird angesetzt.

Das Ergebnis stellt uns aber wiederum nicht zufrieden. Es stellt sich heraus, daß das System offenbar schlecht konditioniert ist. Die Tücken der REAL – Verarbeitung bringen es mit sich, daß eine hohe Zahl von Koeffizienten verschwinden. Weil das je nach benutztem Computer mit gänzlich ungleichen Zahldarstellungen im Bereich E – 10 bis E – 40 geschieht, liegt der Gedanke an schlechte Konditionierung nahe. Versuche mit einer höheren Zahl von Stützpunkten helfen offenbar nichts.

Mit Hilfe der im Folgenden dargestellten Spline – Theorie wird es uns gelingen, den Umfang des Gleichungssystem zu verringern und die Konditionierung zu verbessern:

Es werden n – 1 Polynome $p_i(x)$ (i = 1, ..., n – 1) zwischen n Stützpunkten angenommen und wie folgt formuliert:

$$p_i(x) = a_i + b_i(x-x_i) + c_i(x-x_i)^2 + d_i(x-x_i)^3$$

mit dem Definitionsbereich $x_i < p_i(x) < x_i$.
Unmittelbar sieht man

$$p_i(x_i) = a_i.$$

Die Ableitungen lauten

$$p_i'(x) = b_i + 2c_i(x-x_i) + 3d_i(x-x_i)^2 \text{ und}$$

$$p_i''(x) = 2c_i + 6d_i(x-x)$$

Gleichheit der ersten Ableitungen soll gelten für das jeweils linke Polynom an der rechten Grenze und das rechte Polynom an der linken Grenze, also

$$p_i'(x_{i+1}) = p_{i+1}'(x_{i+1}); \quad i = 1,...,n$$

und ebenso für die zweiten Ableitungen

$$p_i''(x_{i+1}) = p_{i+1}''(x_{i+1}); \quad i = 1,...,n$$

Aus der letzten Bedingung, in der ersichtlich die kleinste Anzahl von Koeffizienten steckt, folgt:

$$2c_i + 6d_i(x_{i+1}-x_i) = 2c_{i+1} + 6d_{i+1}(x_{i+1}-x_{i+1}).$$

Weil der letzte Summand verschwindet, erhält man

$$3d_i(x_{i+1} - x_i) = c_{i+1} - c_i \quad \text{und}$$

$$d = \frac{c_{i+1} - c_i}{3(x_{i+1}-x_i)} = \frac{c_{i+1} - c_i}{3h_i} \quad , \quad (3.5)$$

wenn wir zur Abkürzung $h_i = x_i - x_i$ einführen.

Mit diesem Ergebnis erhalten wir $d_1, \ldots, d_{n-2}$ als Funktion von c_i. Aus der linken Randfestsetzung

$$p_1''(x_1) = 0 \quad \text{folgt}$$

$$2c_1 + 6d_1(x_1 - x_1) = 0,$$

also

$$c_1 = 0.$$

Aus der rechten Randfestsetzung

$$p_{n-1}''(x_n) = 0$$

folgt

$$2c_{n-1} + 6d_{n-1}(x_n - x_{n-1}) = 0 \quad \text{oder}$$

$$c_{n-1} + 3d_{n-1}\,h_{n-1} = 0$$

oder, wenn wir $c_n = 0$ setzen

$$d_{n-1} = \frac{c_n - c_{n-1}}{3h_{n-1}} \quad ,$$

d.h. der ursprüngliche Gültigkeitsbereich von (3.5) wird von $i = 1, \ldots, n-2$ auf $i = 1, \ldots, n-2, n-1$ ausgedehnt. Aus den Punktbedingungen

$$p_i(x_{i+1}) = p_{i+1}(x_{i+1}); \quad i = 1, \ldots, n-2$$

folgt weiter

$$a_i + b_i h_i + c_i h_i^3 + d_i h_i^3 = a_{i+1}$$

und mit dem Term für d_i

$$a_i + b_i h_i + c_i h_i^2 + \frac{c_{i+1} - c_i}{3} h_i^2 = a_{i+1}$$

$$3(a_i - a_{i+1}) + 3b_i h_i + (2c_i + c_{i+1})h_i^2 = 0$$

$$b_i = \frac{a_{i+1} - a_i}{h_i} - \frac{h_i}{3}(2c_i + c_{i+1}) \qquad (3.6)$$

Da die a_i sich oben bereits als Ordinaten der Stützpunkte herausgestellt haben, hängen die b_i ebenso wie vorher die d_i im wesentlichen nur von den c_i ab. Wiederum nehmen wir eine Erweiterung des Gültigkeitsbereiches vor:

Aus $p_{n-1}(x_n) = y_n$ folgt

$$a_{n-1} + b_{n-1} h_{n-1} + c_{n-1} h_{n-1}^2 + d_{n-1} h_{n-1}^3 = a_n$$

und damit

$$b_{n-1} = \frac{a_n - a_{n-1}}{h_{n-1}} - 2(c_{n-1} + c_n)\frac{h_{n-1}}{3} \qquad ,$$

d.h. die Formel (3.6) gilt nicht nur für $i = 1,\ldots,n-2$, sondern auch zusätzlich für $i = n-1$. Schließlich nutzen wir die Gleichheit der ersten Ableitungen aus und erhalten

$$b_i + 2c_i h_i + 3d_i h_i^2 = b_{i+1} \; ; \; i = 1,\ldots,n-2$$

und nach Einsetzen der bisherigen Ergebnisse

$$\frac{a_{i+1} - a_i}{h_i} - \frac{h_i}{3}(2c_i + c_{i+1}) + 2c_i h_i + (c_{i+1} - c_i) h_i$$

$$= \frac{a_{i+2} - a_{i+1}}{h_{i+1}} - \frac{h_{i+1}}{3}(2c_{i+1} + c_{i+2})$$

oder kürzer

$$c_i h_i + 2c_{i+1}(h_i + h_{i+1}) + h_{i+1}c_{i+2} =$$

$$3\left(\frac{a_{i+2} - a_{i+1}}{h_{i+1}} - \frac{a_{i+1} - a_i}{h_i}\right) \tag{3.7}$$

Die $n-2$ Gleichungen (3.7) werden ergänzt durch eine erste Gleichung $c_1 = 0$ und eine letzte Gleichung $c_n = 0$. Dann entsteht ein sogenanntes tridiagonales Gleichungssystem mit einer "Bandmatrix", in der nur die Hauptdiagonale mit zwei Nachbardiagonalen besetzt sind. Obwohl es für solche Gleichungssysteme besondere Algorithmen gibt, lösen wir das System mit einer normalen Gaußelimination.
Die Programmierung geht aus von einer

```
ROW 5 ROW n REAL VAR koeff,
```

wobei gebracht werden in die
 – 1. Reihe die Koeffizienten h : koeff[1][i] = x[i + 1] – x[i],
 – 2. Reihe die Koeffizienten a : koeff[2][i] = y[i],
 – 3. Reihe die Koeffizienten b
 – 4. Reihe die Koeffizienten c } nach obigen Formeln,
 – 5. Reihe die Koeffizienten d

nachdem der Lösungsvektor für die c_i aus der Matrix des linearen Gleichungssystems

```
ROW n ROW n+1 REAL VAR matrix
```

berechnet werden.

Programm zur Berechnung von Splinefunktionen

– in ELAN:

```
LET maxstuetzzahl = 30, maxspaltenzahl = 31;
INT VAR stuetzzahl, spaltenzahl, funktionenzahl;

PROC kubische splinefunktionen:
   lies stuetzpunkte ein;
   loesche koeffizienten;
   berechne h;
   berechne a;
   besetze matrix tridiagonal;
```

```
  loese gleichungen fuer c;
  berechne d;
  berechne b;
  gib loesung aus.


lies stuetzpunkte ein:
  FILE VAR f :: sequentialfile (input,"Stuetzpunkte");
  (* Erstes Datum : Anzahl der Stuetzpunkte,
     zweites Datum: Abszisse des ersten Stuetzpunktes,
     drittes Datum: Ordinate des ersten Stuetzpunktes,
     usw. *)
  ROW maxstuetzzahl REAL VAR abs, ord;
  INT VAR i,j;
  get(f,stuetzzahl);
  IF stuetzzahl > maxstuetzzahl
    THEN errorstop ("Zu viele Stuetzpunkte")
  FI;
  funktionenzahl := stuetzzahl - 1;
  spaltenzahl := stuetzzahl + 1;
  FOR i FROM 1 UPTO stuetzzahl REP
    put(i);
    get(f, abs[i]); get(f, ord[i])
  ENDREP.


loesche koeffizienten:
  ROW 5 ROW maxstuetzzahl REAL VAR koeff;
  FOR i FROM 1 UPTO 5 REP
    FOR j FROM 1 UPTO stuetzzahl REP
      koeff[i][j] := 0.0
    ENDREP
  ENDREP.


berechne h:
  FOR i FROM 1 UPTO funktionenzahl REP
    koeff[1][i] := abs[i+1] - abs[i]
  ENDREP.


berechne a:
  FOR i FROM 1 UPTO stuetzzahl REP
    koeff[2][i] := ord[i]
  ENDREP.


loesche matrix:
  ROW maxstuetzzahl ROW maxspaltenzahl REAL VAR matrix;
  FOR i FROM 1 UPTO stuetzzahl REP
    FOR j FROM 1 UPTO spaltenzahl REP
      matrix[i][j] := 0.0
```

```
      ENDREP
    ENDREP.


besetze matrix tridiagonal:
  FOR i FROM 2 UPTO funktionenzahl REP
    matrix[i][i-1] := koeff[1][i-1];
    matrix[i][i]   := 2.0 *( koeff[1][i-1]+koeff[1][i];
    matrix[i][i+1] := koeff[1][i];
    matrix[i][spaltenzahl] := 3.0 *((koeff[2][i+1] -
    koeff[2][i])/koeff[1][i] - (koeff[2][i]-
    koeff[2][i-1])/koeff[1][i-1])
  ENDREP;
  matrix[1][1] := 1.0;
  matrix[stuetzzahl][stuetzzahl] := 1.0 .


loese gleichungen fuer c:
  ROW maxstuetzzahl REAL VAR loesung;
  FOR i FROM 1 UPTO stuetzzahl REP
    loesung[i] := 0.0
  ENDREP;
  gausselimination (matrix,loesung);
  FOR i FROM 1 UPTO stuetzzahl REP
    koeff[4][i] := loesung[i]
  ENDREP.


berechne d:
  FOR i FROM 1 UPTO funktionenzahl REP
    koeff[5][i] := (koeff[4][i+1] - koeff[4][i])/
    (3.0 * koeff[1][i])
  ENDREP.


berechne b:
  FOR i FROM 1 UPTO funktionenzahl REP
    koeff[3][i] := (koeff[2][i+1] - koeff[2][i])/
    koeff[1][i] - (koeff[1][i] * (2.0*koeff[4][i]
    + koeff[4][i+1]))/3.0
  ENDREP.


gib loesung aus:
  forget("Loesungsvektor");
  FILE VAR werte :: sequentialfile (output, "Loesungsvektor");
  FOR i FROM 1 UPTO 5 REP
    FOR j FROM 1 UPTO stuetzzahl REP
      put(koeff[i][j]);
      put(werte, koeff[i][j])
    ENDREP;line
  ENDREP
```

```
END PROC kubische splinefunktionen;
```

Hilfsfunktion:

```
PROC gausselimination
    (ROW maxstuetzzahl ROW maxspaltenzahl REAL VAR koeff,
     ROW maxstuetzzahl REAL VAR loesungsvektor)
```

Der Verbund beider Prozeduren funktioniert unabhängig von der jeweiligen Stütz-punktzahl, wenn sie höchstens 30 beträgt. Die Stützpunkte befinden sich, wie im Kommentar angegeben, in der Datei "Stuetzpunkte", die Lösung enthält die Datei "Loesungsvektor".

Diesmal ergeben sich teilweise zufriedenstellende Lösungen. Zum Beispiel lohnt es sich, (vgl. Übungen) mit genau diesem Verfahren die Karosserie eines Autos, die Silhouette eines Scherenschnittes o.ä. durch Splines abzubilden. Auch lassen sich gut Histogramme in stetige Verteilungen approximativ verwandeln.

Trotzdem kann es passieren, daß der Spline – Algorithmus in einen Kurvenverlauf, der keine Wendepunkte enthält, störende Wendepunkte einzieht, die z.B. für unse-ren angesetzten Straßenkurvenverlauf auffallen und auch durch Ausmessung einer höheren Zahl von Stützpunkten nicht zu eliminieren sind.

Hier hilft der Übergang zu parametrischen Splines, die eine Darstellung der ge-samten Kurve über etwa gleichmäßig verteilte Stützpunkte erlauben. Ein idealer Parameter wäre die Bogenlänge; sie kann jedoch nicht errechnet werden, da man den analytischen Term für die Funktionen noch gar nicht besitzt. Stattdessen be-gnügt man sich mit der Polygonzuglänge des Stützpunktpolynoms über die Berech-nung

$$t_0 = 0; \quad t_{i+1} = t_i + \sqrt{(x_{i+1} - x_i)^2 + (y_{i+1} y_i)^2}$$

mit $i = 0,\ldots,n-1$.

Denn schließlich kommt es nur darauf an, daß monotone Folgen der Komponen-tenfunktionen $s_x(t)$ und $s_y(t)$ entstehen:

$$s_x(t) = a_{ix} + b_{ix}(t-t_i) + c_{ix}(t-t_i)^2 + d_{ix}(t-t_i)^3$$

$$s_y(t) - a_{iy} + b_{iy}(t-t_i) + c_{iy}(t-t_i)^2 + d_{iy}(t-t_i)^3$$

Zur Bestimmung der Koeffizienten von $s_x(t)$ werden die x_i durch t_i, die y_i durch x_i in den obigen Formeln ersetzt.

So reicht zur Bestimmung der Koeffizienten von $s_y(t)$ die Ersetzung der x_i durch t_i. Auf diese Weise sind die Abbildungen 3.19 (für die Kurve der Abbildung 3.17) und 3.20 (für die Kurve der Abbildung 3.18 entstanden, welche nur noch kleine Abweichungen von den vorgegebenen Kurven aufweisen.

Jetzt kann man die Ergebnisse nicht nur für Interpolationen (oder z.B. Weglängenberechnungen) benützen, sondern auch eine Krümmungsberechnung wagen. Dabei erhält man über den einschlägigen Term, der erste und zweite Ableitungen aufweist, girlandenförmige Gebilde (vgl. Abb. 3.21).

Das ist auch kein Wunder: an den Nahtstellen sind die Krümmungen zwar stetig, aber nach Konstruktion der (nur) kubischen Splines nicht auch differenzierbar. Trotzdem kann man sich z.B. durch geeignete Mittelbildung einen Überblick verschaffen, wobei man auf eine stetige Darstellung der Krümmung verzichtet. (Vgl. Abb. 3.22 für die Straßenkurve der Abb. 3.17 und Abb. 3.23 für die Straßenkurve der Abb. 3.18)

Wenn man jetzt eine Tabelle der zugelassenen Höchstgeschwindigkeiten nach den Richtlinien für die Anlage von Landstraßen (RAL) hinzuzieht

Radius in m	25	50	80	130	190	280
Höchstgeschwin – digkeit in km/h	30	40	50	60	70	80

und den Maßstab 1 : 2000 berücksichtigt, folgt sofort, daß man die Kurve des Autobahnkreuzes Bonn – Nord mit weniger als 50 km/h, die Kurve des Anschlußstückes Bonn – Poppelsdorf dagegen mit allenfalls 25 km/h an der kritischsten Stelle durchfahren sollte.

Wie oben schon ausgeführt, ist die Auswertung von kubischen Splines auf Krümmungen schon ein Grenzfall. Besser verbleibt man bei den Funktionswerten selbst (Interpolationen, z.B. zwischen Stützpunkten aus einer literweisen Füllung eines geometrisch unförmigen Tanks gegen eine Füllungsanzeige über einen Schwimmer) oder allenfalls einer Auswertung einer ersten Ableitung. Zum Beispiel kann man ein $s-t$-Diagramm durch 11 Stützpunkte alle 100m eines 1000m-Laufs gewinnen und versplinen, so daß man durch einmaliges Differenzieren ein $v-t$-Diagramm gewinnt, das Ermüdungserscheinungen, Endspurt und Auswirkung von Anfeuerungen deutlich ausweist. (Vgl. Übungen)

Das Projekt "Krümmungen von Straßenkurven" wurde absichtlich mitsamt seinen vorübergehenden Fehlschlägen dargestellt; denn es erscheint wichtig, daß die Schüler erleben, daß Modellbildungen optimiert werden können und ungünstige Ergebnisse neue Überlegungen herausfordern.

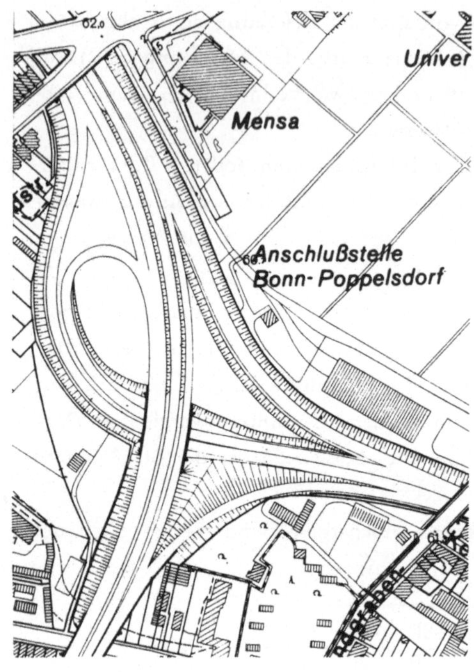

Abb. 3.18
mit Genehmigung des
Kataster- und Vermessungsamtes Bonn

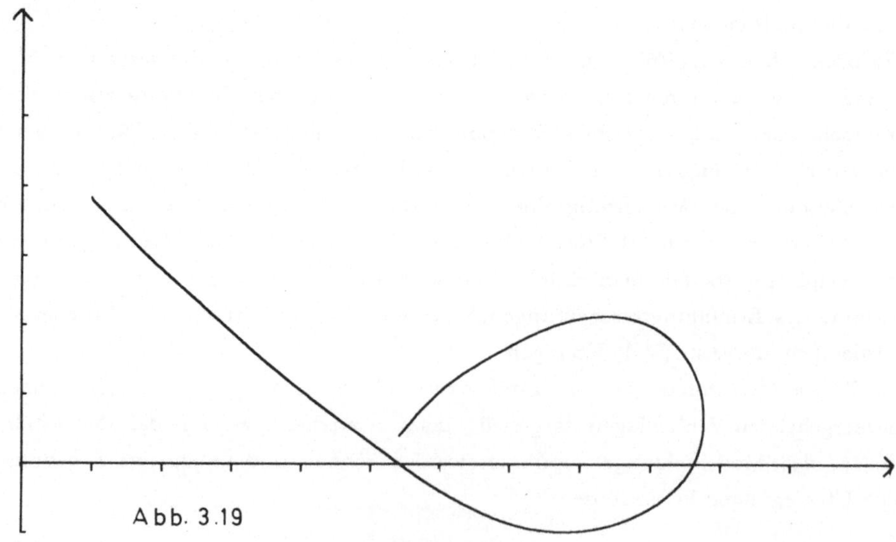

Abb. 3.19

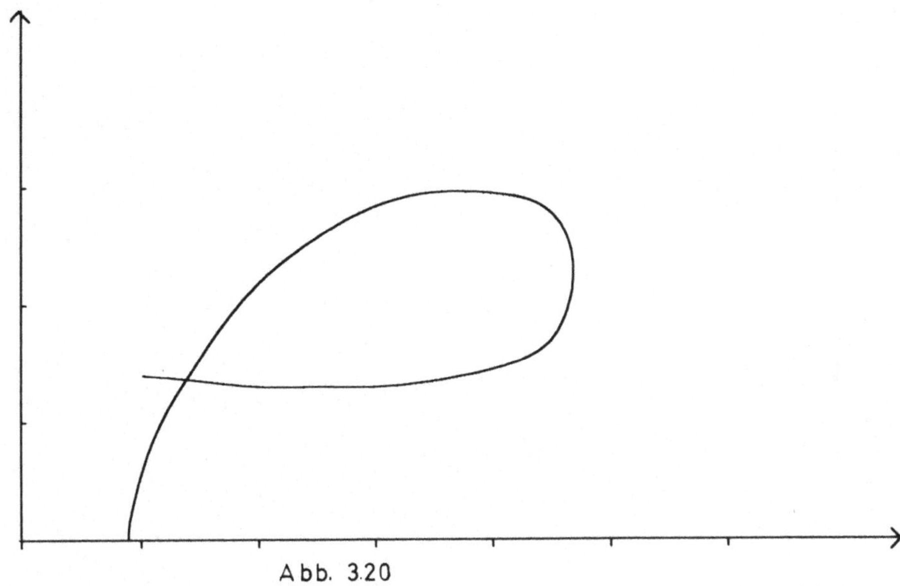

Abb. 3.20

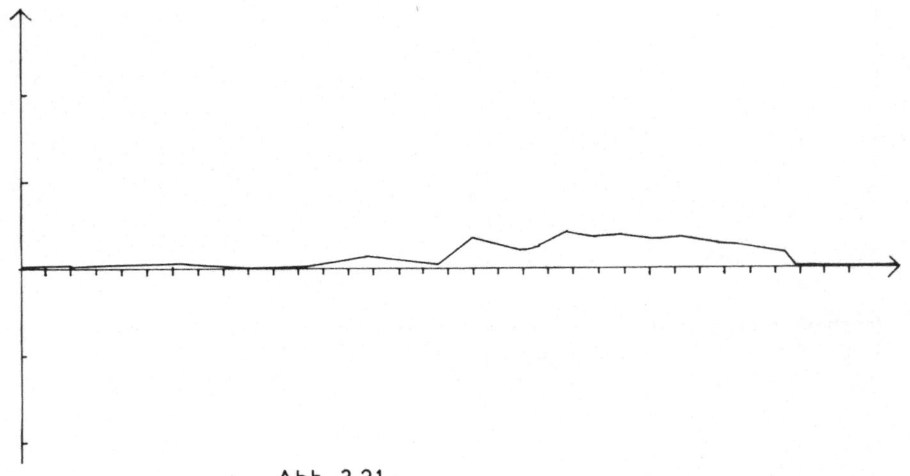

Abb. 3.21

X SCALE= 5.0
Y SCALE= .10

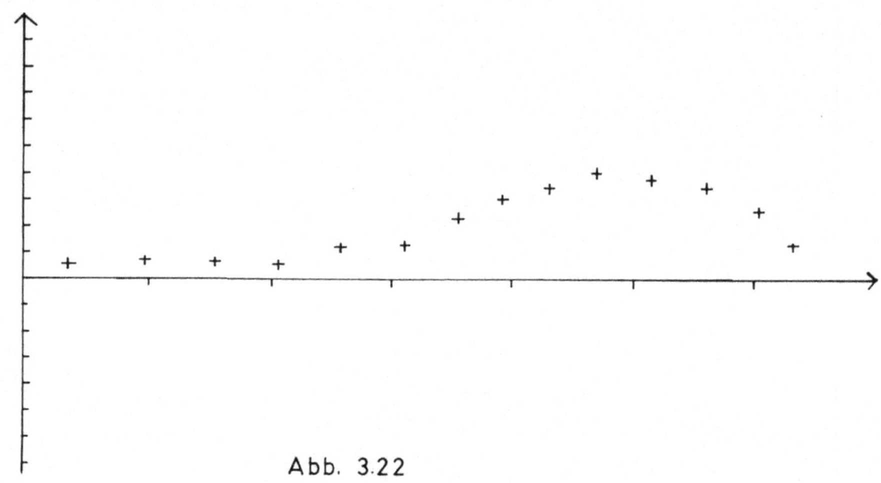

Abb. 3.22

X SCALE =.20
Y SCALE =.20

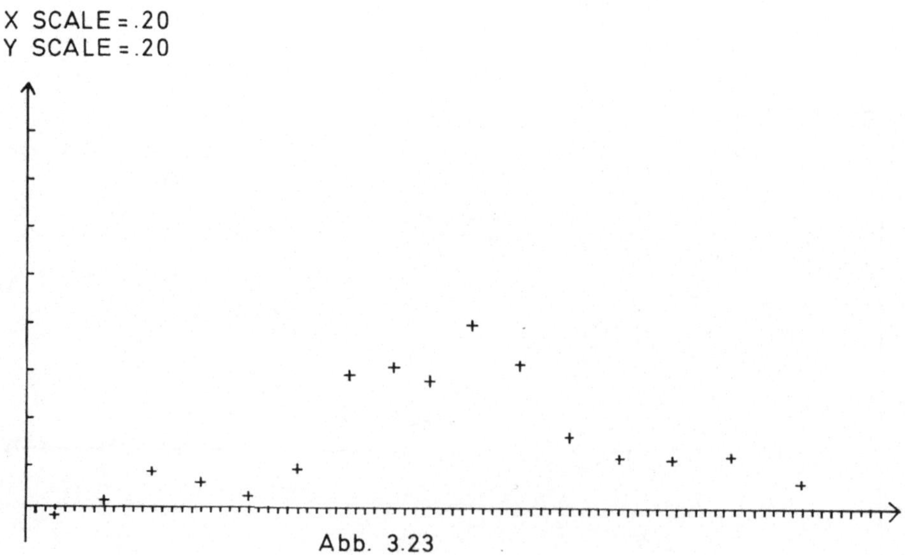

Abb. 3.23

Schließlich macht es großen Spaß, wenn zum Schluß z.B. ein Mädchenprofil aus einem Scherenschnitt einmal durch eine einzige ganzrationale Funktion über ca. 20 Stützpunkte, dann über entsprechend viele lineare Funktionen, vielleicht gar – im Rückschritt – über Funktionen nullten Grades, also ein Histogramm, und schließlich über kubische Splines (warum kann eine Approximation des spitzen Mundwinkels nicht gelingen?) dargestellt wird. (Vgl. Abb. 3.24) Für weitere Anwendungen setzt die Phantasie keine Grenzen. Auch periodische oder geschlossene Kurven lassen sich durch leichte Veränderungen bei den Randbedingungen darstellen.

Übungen:

1. Schneiden Sie aus einer Werbung eine Autosilhouette aus, wählen Sie 10 Stützpunkte und plotten Sie anschließend die Karosserieumrisse mit Hilfe von Splineinterpolation.

2. Bilden Sie einen Scherenschnitt durch soviele Systeme von Splinefunktionen ab, wie nicht differenzierbare Übergänge vorhanden sind.

3. Berechnen Sie für die in der Tabelle angegebenen 8 Stützpunkte eine Lagrangesche Interpolationsfunktion und Splines. Vergleichen Sie am Plotter beide Lösungen!

x	1	2	3	4	5	6	7	8
y	1.2	1.7	2.6	3.7	4.6	5.5	6.1	6.1

3.4 Anwendungen aus den Natur– und Sozialwissenschaften

In den Naturwissenschaften führen Experimente zu einfachen Zusammenhängen zwischen Ursachen und Wirkungen, die sich im naturwissenschaftlichen Gesetz formulieren lassen. Die Versuche ergeben Tabellen von Daten, die wegen der Meßfehler nicht eindeutig sind.

Eine Gruppe Schüler untersucht das Ohmsche Gesetz.

U [V]	0	1	2	3	4	5	6	7	8	9	10	11	12
I [A]	0	0.5	1.2	1.4	2.1	2.4	3.2	3.8	4.2	4.6	5.3	5.4	6.0

Tabelle 3.3

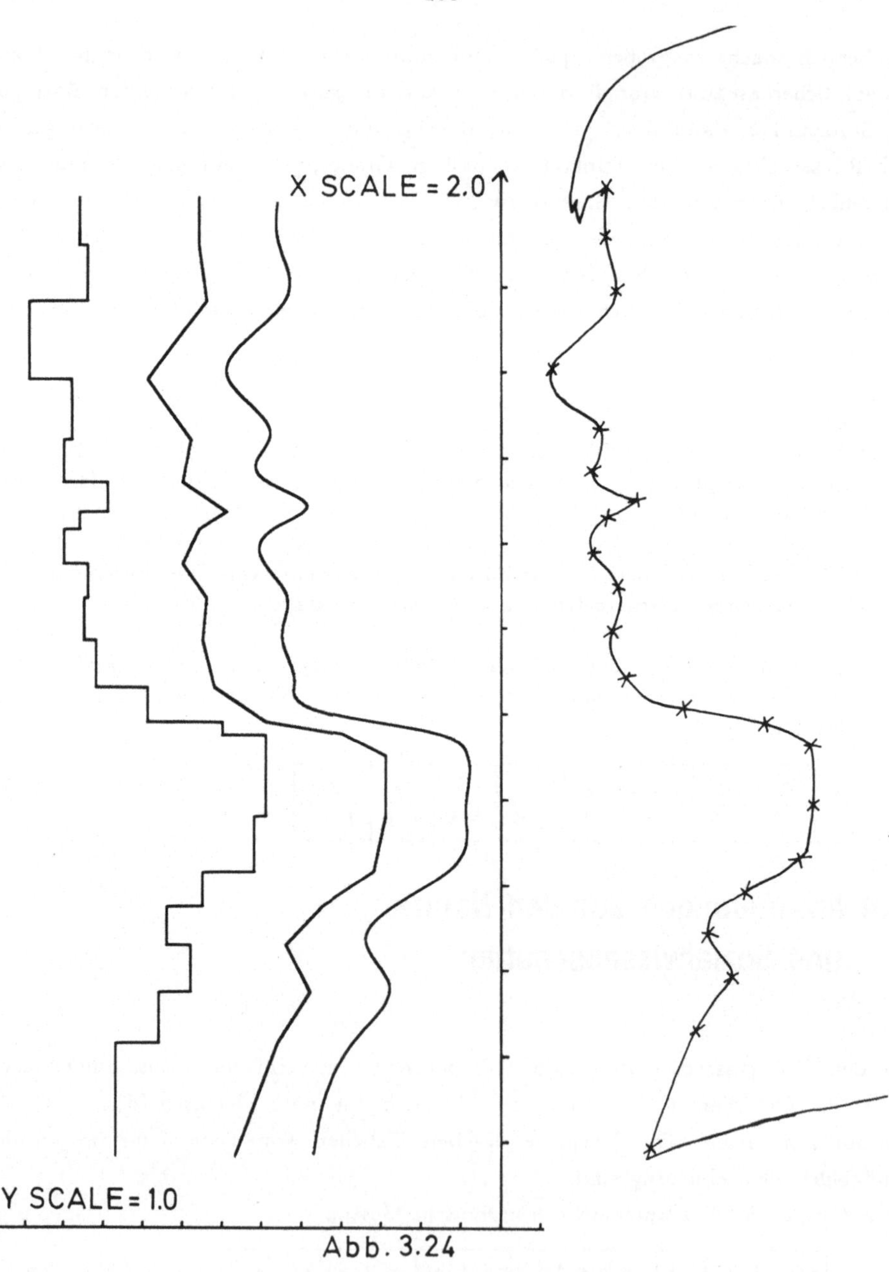

Abb. 3.24

Eine andere Gruppe wiederholt am selben Gerät die Reihe, ohne die alten Werte zu reproduzieren, weil sie nicht auf ganzzahlige Spannungen einstellt.

U [V]	0	0.5	1.2	2.1	3	3.7	4.3	4.6	5.3	6.2	7.1	8	9.5
I [A]	0	0.2	0.6	1.2	1.5	1.9	2.1	2.5	2.8	3.0	3.6	4.0	4.8

Tabelle 3.4

Bei genauerer Durchsicht fällt auf, daß zwar in zwei Fällen (für 3V und 8V) gleiche Spannungswerte vorhanden sind, jedoch keine gleichen Stromwerte.

In einer graphischen Darstellung des $U - I -$ Zusammenhangs (der Kennlinie oder der Charakteristik des untersuchten Widerstandes) streuen die Punkte nicht nur, sondern diese vier Punkte liegen paarweise übereinander. (Abb. 3.25)

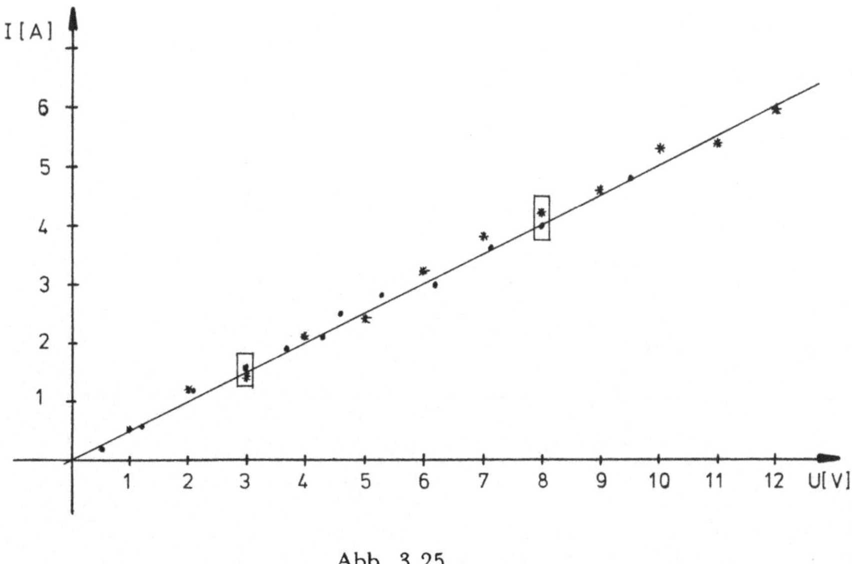

Abb. 3.25

Trotzdem ist die Streuung nicht ohne Bindung und die Gerade als Ausdruck dieser Bindung ist bereits eingezeichnet.

In einigen Fällen müssen eher Kurven zur Zusammenfassung der Meßreihe dienen, oft schon deshalb, weil eine Theorie eine bestimmte , nichtlineare Funktion vorschlägt.

In anderen Fällen - z.B. sozialwissenschaftlichen Erhebungen zur Feststellung von Konsumgewohnheiten - sind "Punktwolken" möglich, die eine solche zusammenfassende Interpretation nicht erlauben.

Kehren wir jedoch zu unserem Beispiel zurück. Weil der Nullpunkt ein offensichtlich von der Theorie ausgezeichneter Punkt ist, bietet sich eine Nullpunktgerade, $y = mx$, an. Jedoch ist ihre Steigung m noch offen.

Die Ausgleichrechnung sucht die ideale Nullpunktgerade durch Minimalisierung der Summe der senkrechten Abstandsquadrate. Wir sprechen von der Methode der kleinsten Quadrate. Diese Optimierung ist ein Thema der Analysis.

Dabei werden die senkrechten den lotrechten Abständen vorgezogen. Die Berechnung der lotrechten kann z.B. mit Hilfe der Hessetheorie erfolgen, ist aber durchweg komplizierter als die Berechnung der senkrechten Abstände. Hinzu kommt, daß sie komplizierteren Transformationen bei Maßstabsänderung unterliegen.

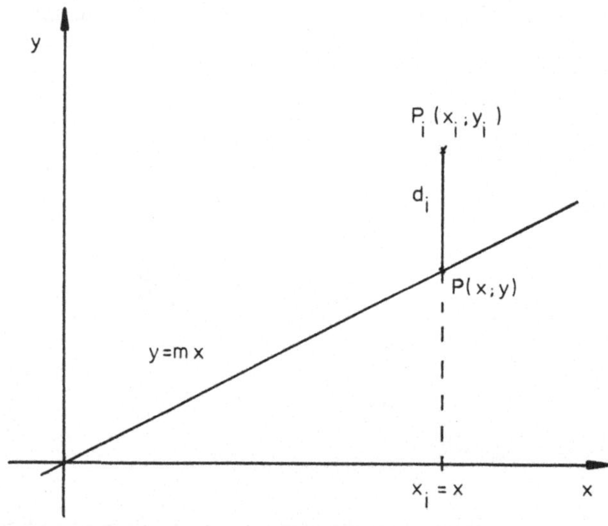

Abb. 3.26

Mathematisch erfolgt die Optimierung auf einfache Weise:

$$\sum_i d_i^2$$

soll minimiert werden.

$$S = \sum_i d_i^2 = \sum_i (y - y_i)^2 = \sum_i (mx_i - y_i)^2$$

$$\frac{d\,S}{d\,m} = 2 \sum_i (mx_i - y_i)\cdot x_i$$

Die notwendige Bedingung für ein Extremum ergibt die Forderung

$$m \sum_i x_i^2 - \sum_i x_i y_i = 0$$

oder

$$m = \frac{\sum_i x_i y_i}{\sum_i x_i^2}\;.$$

Ein entsprechendes Computerprogramm dazu ist einfach.

– in ELAN:

```
initialisierung der summen;
eingabe der messwerte mit laufender berechnung;
ausgabe des ergebnisses.

initialisierung der summen:
  REAL VAR summe xy :: 0.0,
          summe xx :: 0.0.

eingabe der messwerte mit laufender berechnung:
  INT VAR anzahl;
  put ("Anzahl der Messpunkte?");
  get (anzahl);
  INT VAR i;
  REAL VAR x, y;
  FOR i FROM 1 UPTO anzahl
  REPEAT
    put ("Gib den");
    put (i);
    put ("-ten Messpunkt ein:");
    get (x);
    get (y);
    summe xy INCR x * y;
    summe xx INCR x * x
  END REPEAT.

ausgabe des ergebnisses:
  put ("Die Steigung der Ausgleichsgeraden betraegt");
  put (summe xy/ summe xx).
```

Geben wir nacheinander die Werte der beiden Meßreihen aus den Tabellen 3.3 und 3.4 ein, erhalten wir für die Steigungen die Werte 0.5098 und 0.5046.

Für Taschenrechner und Computer mit kleinen Speichern empfiehlt sich die laufende Berechnung wie im Programm vorgesehen, während man auf größeren Computern die Meßwerte in einem Feld speichern wird, um sie z.B. auch in einer Tabelle mitsamt den auftretenden Abweichungen dokumentieren zu können.

Es gibt andere lineare Zusammenhänge, welche nicht auf eine Nullpunktgerade hinauslaufen. Für eine Ausgleichsgerade $y = mx + b$ stellt sich ein Optimierungsproblem mit zwei unabhängigen Variablen m und b, so daß partielle Differentiation notwendig wird:

$$S = \sum_i d_i^2 = \sum_i \left((mx_i + b) - y_i \right)^2$$

$$\frac{\partial S}{\partial m} = 2 \cdot \sum_i (mx_i + b - y_i)x_i \; ; \; \frac{\partial S}{\partial b} = 2 \cdot \sum_i (mx_i + b - y_i)$$

Die für ein Extremum notwendigen Bedingungen führen jetzt auf das Gleichungssystem:

$$\sum_i mx_i^2 + \sum_i bx_i = \sum_i x_i y_i$$

$$\sum_i mx_i + nb = \sum_i y_i$$

Natürlich läßt sich dieses System nach m und b auflösen; es gibt jedoch eine elegantere Interpretation.

Wenn man die zweite Gleichung durch n dividiert,

$$m \frac{1}{n} \sum_i x_i + b = \frac{1}{n} \sum_i y_i$$

$$m \bar{x} + b = \bar{y}$$

so erhält man den Satz, daß die Ausgleichsgerade durch den sogenannten Schwerpunkt der Verteilung $(\bar{x};\bar{y})$ geht, der durch die arithmetischen Mittel von x_i und y_i bestimmt ist. Zur weiteren Festlegung der allgemeinen Ausgleichsgeraden braucht man obiges System nur noch nach m und nicht mehr nach b aufzulösen.

$$m \, n \, \sum_i x_i^2 + n \, b \, \sum_i x_i = n \, \sum x_i y_i$$

$$m \, \sum_i x_i \, \sum_i x_i + n \, b \, \sum_i x_i = \sum_i x_i y_i$$

$$m = \frac{n \, \sum_i x_i y_i - \sum_i x_i \, \sum_i y_i}{n \, \sum_i x_i^2 - \left(\sum_i x_i \right)^2}$$

oder nach Kürzung durch n

$$m = \frac{\sum_i x_i y_i - n \, \bar{x} \, \bar{y}}{\sum_i x_i^2 - n \, \bar{x}^2} \quad .$$

Ein entsprechendes Computerprogramm muß jetzt nur noch sorgsam zwischen den vier Summen

```
summe x      für die Mittelbildung x,
summe y      für die Mittelbildung y,
summe xx,
summe yy
```

$$(\text{und wenn man will:} \ \sum i = n)$$

unterscheiden und kann damit m berechnen.

Daraus ergibt sich der y – Achsenabschnitt der Ausgleichsgeraden zu

$$b = \bar{y} - m\bar{x}$$

Bevor jedoch ein neues Computerprogramm aufgestellt wird, gehen wie einen erweiterten Zusammenhang an.

Im physikalischen Einleitungsbeispiel war die Spannung die Ursache des Stromes und damit eine eindeutige Abhängigkeit gegeben. Viele Zusammenhänge stellen jedoch keine Kausalverbindung dar, sondern eine Interdependanz in beiden Richtungen. Damit ergibt sich auch eine Notwendigkeit einer Ausgleichsgeraden

$$x = m^* y + b^* \, ,$$

wo die Summe der waagerechten Abstandsquadrate i.a. nicht identisch ist. Beide Ausgleichsgeraden bilden die sogenannte Regressionsschere, deren Öffnung eine Aussage über die Stärke des linearen Zusammenhangs erlaubt.

Als weitere Summe ist dann nur 'summe yy' zu bilden, wie man der obigen Unsymmetrie der Formeln entnimmt. Da auch die zweite Ausgleichsgerade durch den Schwerpunkt $(\bar{x}, \bar{y})$ geht, berechnet das anschließende Programm diesen Punkt und die beiden Steigungen.

– in ELAN:

```
initialisiere die summen;
hole die messwerte und berechne sie laufend;
ausgabe des ergebnisses.

initialisiere die summen:
  REAL VAR summe xx :: 0.0, summe yy :: 0.0,
           summe xy :: 0.0, summe x :: 0.0,
           summe y :: 0.0;
  INT VAR summe i :: 0.

hole die messwerte und berechne sie laufend:
  INT VAR i :: 0;
  REAL VAR x, y;
  TEXT VAR antwort :: "";
  REPEAT
    i INCR 1;
    put (i);
    put (":");
    get (x);
    get (y);
    summe i INCR 1;
    summe x INCR x;
    summe y INCR y;
    summe xx INCR x*x;
    summe yy INCR y*y;
    summe xy INCR x*y;
    put ("Weiter? j/n");
    inchar (antwort)
  UNTIL antwort = "n"
  END REPEAT.

ausgabe des ergebnisses:
  line;
  REAL VAR n :: real (summe i);
```

```
put ("Der Schwerpunkt der Verteilung hat die
      Koordinaten:");
line;
put ("x =");
put (summe x/n);
put ("y =");
put (summe y/n); line;
put ("Die erste Regressionsgerade besitzt die
      Steigung:"); REAL VAR m1 :: (summe xy - summe x * summe y/n)/
                 (summe xx - summe x * summe x/n);
put (m1); line; put ("Die zweite Regressionsgerade besitzt die
Steigung:");
REAL VAR m2 :: (summe yy - summe y * summe y/n)/
               (summe xy - summe x * summe y/n);
put (m2); line; put ("Der Korrelationskoeffizient betraegt r =");
put (sqrt (m1/m2)).
```

Für einen Probelauf des Programms wählen wir ein Beispiel aus dem Statistischen Jahrbuch 1982 [15].

	Verbraucherpreise für	
	Normalbenzin je 10l	1 Fahrt mit einem öffentlichen Verkehrsmittel
1975	8.32	1.02
1976	8.74	1.18
1977	8.49	1.26
1978	8.74	1.33
1979	9.57	1.38
1980	11.32	1.43
1981	13.72	1.56

Tabelle 3.5
(aus [15])

In der folgenden Abbildung werden die Werte in einem Koordinatensystem graphisch dargestellt.

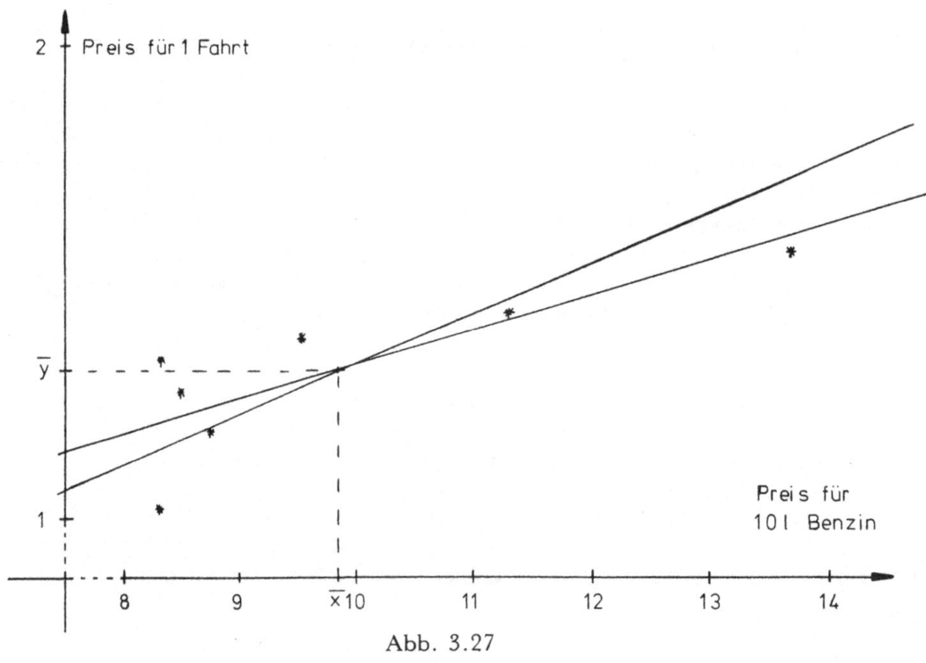

Abb. 3.27

Das Programm gibt folgende Werte aus:

```
Der Schwerpunkt der Verteilung hat die Koordinaten:
x = 9.842857 und y = 1.308571.
Die 1. Regressionsgerade hat die Steigung 7.364845e-2.
Die 2. Regressionsgerade hat die Steigung 1.056216e-1.
Der Korrelationskoeffizient betraegt r = 8.350366e-1.
```

Der hier dargestellte Apparat läßt sich in mehreren Richtungen ausweiten.
Einerseits werden häufig keine linearen Zusammenhänge in Betracht kommen. Die
Entladung eines Kondensators verläuft zum Beispiel nach der Funktion

$$y = a \cdot e^{-bx}.$$

Logarithmierung ergibt

$$\ln y = \ln a - bx.$$

Für eine Darstellung auf einfach – logarithmischen Papier transformieren wir die
y – Werte:

$$\ln y = y^*; \quad \ln a = a^*$$

und erhalten auf diesem Papier wiederum eine Gerade

$$y^* = - bx + a^*$$

Damit läßt sich die Theorie der Ausgleichsgeraden auf eine Ausgleichs – Exponentialfunktion übertragen: man muß lediglich die y – Werte nach der Eingabe logarithmieren.

Entsprechendes gilt für die Potenzfunktionen, insbesondere den häufigen Fall der rechtwinkligen Hyperbel als Funktion der umgekehrten **Proportionalität**.
Aus

$$y = \frac{a}{x}$$

wird durch Logarithmierung

$$\ln y = \ln a - \ln x,$$

d.h. auf doppelt – logarithmischen Papier mit

$$\ln y = y^* \text{ und } \ln x = x^*$$

die Gerade

$$y^* = a^* x^* \, ,$$

so daß sich wiederum die Theorie der Ausgleichsgeraden auf Ausgleichshyperbeln übertragen läßt.
Für entsprechende Versuchsauswertungen seien in der oben eingeführten Schreibweise hier nur die Berechnungsformeln mitgeteilt:

Ausgleichsexponentialfuntkion:

```
y = a * exp(b*x)
b = (summe x ln(y) - summe x * summe ln(y)/n)/
    (summe xx - summe x * summe x/n)
ln a = summe ln(y)/n - b * summe x / n
```

Ausgleichspotenzfunktion:

```
y = a * x ** b
b = summe ln(x) * ln(y) - summe ln(x) * summe ln(y)/n/
    (summe ln(x) * ln(x) - summe ln(x) * summe ln(x)/n)
```

$$\ln a = \text{summe } \ln(y)/n - b * \text{summe } \ln(x)/n$$

Als ein günstiges Computerprojekt ergibt sich hier die Zusammenstellung eines Paketes von Ausgleichsfunktionen zur Versuchsauswertung, bei dem jeweils die Summe der Abweichungsquadrate mitgeteilt wird, so daß man sich für einen bestimmten Funktionstyp entscheiden kann.

Neben der Behandlung der bereits genannten Funktionenklassen kommen aber auch Polynome als Ausgleichsfunktionen in Betracht.

Wir studieren den Sachverhalt zunächst an der Parabel

$$y = ax^2 + bx + c$$

Der üblich Ansatz der Ausgleichsrechnung führt auf

$$S = \sum_i d_i^2 = \sum_i (ax_i^2 + bx_i + c - y_i)^2$$

$$\sum_i ax_i + \sum_i bx_i^3 + \sum_i cx_i^2 = \sum_i y_i x_i^2$$

$$\sum_i ax_i^3 + \sum_i bx_i^2 + \sum_i cx_i = \sum_i y_i x_i$$

$$\sum_i ax_i^2 + \sum_i bx_i + \sum_i c = \sum_i y_i$$

Man erkennt ein lineares Gleichungssystem, welches systematisch aufgebaut ist. In zweckmäßiger Schreibweise heißt die 3x4 – Matrix dieses Systems:

```
summe x4    summe x3    summe x2    summe x2y

summe x3    summe x2    summe x     summe xy

summe x2    summe x     summe i     summe y    ,
```

so daß unter Einbeziehung von 'summe i' insgesamt acht Summen vom Programm zu berechnen sind und dann in ein Lösungsverfahren für ein lineares Gleichungssystem eingehen.

Das Verfahren kann auf ganzrationale Funktionen n – ten Grades fortgesetzt werden, da der systematische Aufbau der Koeffizienten des linearen Gleichungssystems auffällt. Auf diese Weise erhält man Ausgleichspolynome (Regressionskurven) n – ter

Ordnung. Die Ordnung wird wesentlich unter der Zahl der eingegebenen Punkte-paare liegen und ist mit Bedacht so zu wählen, daß sich eine sinnvolle Informa-tionsreduktion ergibt.

Computerauswertung von Experimenten sollte auch die Methode der finiten Ele-mente exemplarisch nahebringen. Dazu eignet sich z.B. die Messung und finite Berechnung der Trägheitsmomente ebener unregelmäßiger Flächen (Platten). Die Messung kann über Einspannung in eine Torsionsachse erfolgen, deren Drillkon-stante vorher über eine regelmäßige Platte (Kreisscheibe) ermittelt wurde. Das Mittel der Schwingungszahl aus 10 Drillschwingungen ergibt über eine kurze Berechnung einen hinreichend genauen Meßwert für das Trägheitsmoment der unregelmäßigen Platte. Nun werden ihre Umrisse auf eine Schablone übertragen; die Ausdehnung der Schablone wird durch '*' – Symbole in eine Datei geschrieben, der Durchstoß-punkt der Achse wird durch ein ' + ' gekennzeichnet. Dann ist es für ein Programm einfach, jedes '*' – Symbol als ein Massenelement dm aufzufassen und $r_2$dm über einen Pythagoras – Ansatz und Aufsummierung zu ermitteln. Für homogene Platten erhält man eine gute Übereinstimmung mit den Meßresultaten.

Es ist ebenfalls unschwierig, den Steinerschen Satz über Veränderung des Träg-heitsmomentes bei Verlagerung der Achse auf diese Weise nachzuweisen.

Übung:

Die Anzahl der Neuanmeldungen betrugen in einem Gymnasium in 20 Jahren nach seiner Gründung.

Jahr nach Gründung	Schülerzahl
1	135
2	145
3	153
4	115
5	130
6	112
7	126
8	125
9	160
10	165
11	145
12	135
13	154
14	162
15	165

16	169
17	143
18	175
19	128
20	120

a) Lassen Sie über einen Plotter einen Polygonzug zeichnen!

b) Es ist bekannt, daß zwei wesentliche Ursachen die Anmeldezahlen beeinflußt haben:

   – die Gründung von Nachbargymnasien im ersten Jahrzehnt,

   – die Veränderung der Geburtenzahlen im zweiten Jahrzehnt.

Deshalb wird eine Regressionskurve vierter Ordnung angesetzt:

$$y = ax^4 + bx^3 + cx^2 + dx + e.$$

Das Ergebnis wird in Abbildung 3.28 mitgeteilt.

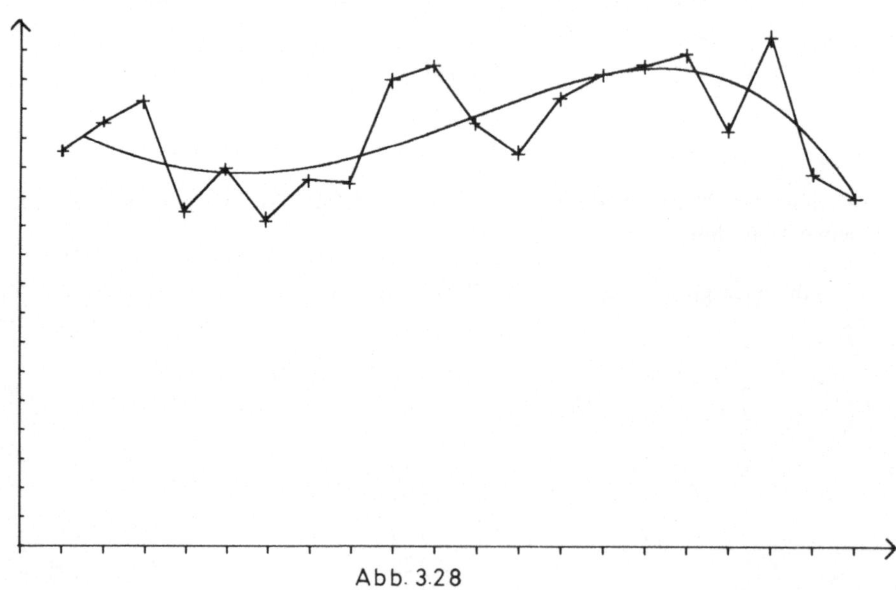

Abb. 3.28

4. Vom Problem zum Programm

4.1 Reales Rechnen

Bei der konkreten Bearbeitung physikalischer oder technischer Probleme mit numerischen Verfahren der Analysis unterliegt man dem Einfluß verschiedener Fehlerquellen, deren Auswirkungen teils unvermeidlich, teils aber durch die Gestaltung des Rechenganges kontrollierbar bzw. steuerbar sind. Zweck des Abschnittes ist es, den Leser und Computerbenutzer für diese Problematik zu sensibilisieren, dann die Fehlerquellen exemplarisch vorzustellen und Möglichkeiten aufzuzeigen, ihren Einfluß gering zu halten. Für ein detailliertes Studium des Themenkreises sei auf die umfangreiche Fachliteratur verwiesen.

Zu beschreiben sei etwa die Durchbiegung einer großen Stahlplatte, die an gewissen Stellen unterstützt und in anderen belastet wird. Erst modellhafte Näherungen dieses Problems lassen eine einfache Darstellung im Rahmen physikalischer Theorie zu; so werden etwa Unterstützung und Belastung als punktuelle, 0 – dimensionale Phänomene behandelt, die Platte selbst als 2 – dimensionales Gebilde mit unendlich kleiner Dicke und völlig homogener Struktur. Dann erhält man als Beschreibung des Problems eine partielle Differentialgleichung, deren Lösbarkeit mathematisch untersucht und deren Lösung numerisch auf dem Computer durchgeführt werden kann.

Selbst bei erhöhtem theoretischem Aufwand – flächiger Unterstützung und Belastung, variabler Plattendichte bei endlicher Dicke – bleibt grundsätzlich ein physikalisch nicht exakt beschreibbarer Rest, der als unvermeidlicher Fehler die theoretische Lösung und das Ergebnis eines praktischen Versuchs unterscheiden wird; es ist Aufgabe der pyhsikalischen Theorie, die Größenordnung dieses Unterschiedes zu kontrollieren. Im nächsten Schritt muß festgehalten werden, daß die Tatsache einer mathematisch exakt hergeleiteten Lösbarkeit der obigen Differentialgleichung und auch die nur in bestimmten Fällen mögliche Angabe einer geschlossenen, analytischen Darstellung einer Lösungsfunktion sich von der numerischen Lösbarkeit und dem Ergebnis einer konkreten Rechnung weiter unterscheiden werden. So ist offensichtlich, daß mit endlichem Rechneraufwand in endlicher Zeit nur endlich viele Zahlen in endlicher Genauigkeit berechnet werden können, statt einer Lösungsfunktion erhält man also deren Näherungswerte an einigen Stellen oder eine annähernde Lösungsfunktion in einfacher Darstellung (z.B. Spline) mit genäherten Koeffizienten.

Fehler dieser Art sind ebenfalls unvermeidbar, in ihrer Größe aber abhängig von der

Art des Ansatzes zur numerischen Behandlung des Problems, hier etwa abhängig von der Verteilung der Argumente, an denen der Wert der Lösungsfunktion berechnet werden soll bzw. von der Auswahl des Typs der Näherungsfunktion, die im Lösungsansatz verwendet werden.

Schließlich bleiben nach Vorgabe des prinzipiellen numerischen Verfahrens zur Lösung noch die Fehler bei der konkreten Rechnung und die unvermeidliche Fortpflanzung der Fehler in den Eingabedaten.

Fassen wir kurz zusammen:

Das wirkliche Verhalten eines Systems (hier die belastete Platte) und das Ergebnis einer numerischen Simulation werden sich unterscheiden aufgrund von

1. Modellfehlern – nur angenähert mögliche theoretische Beschreibung der Wirklichkeit

2. Abbruch – /Diskretisierungsfehlern – Annäherung mathematischer Grenzübergänge durch endliche Ersatzprozesse, z. B. Differenzenquotient statt Ableitung, Simpsonregel statt Integral, etc.

3. Datenfehlern – Meßungenauigkeiten in Eingangsdaten und der Zwang, diese rechnerverarbeitbar darzustellen

4. Rundungsfehlern – beschränkte Genauigkeit rechnerinterner Arithmetik und Funktionsberechnung

5. sonstigen Fehlern – Schreibfehler, Fehler in Hard – oder Software, Mißverständnissen beim Transfer der Problemstellung zwischen verschiedenen Bearbeitern.

Im weiteren werden wir uns überwiegend mit denjenigen Fehlerquellen beschäftigen, die unmittelbar Analysis auf dem Computer betreffen, nämlich Abbruch –, Daten – und Rundungsfehlern.

Die interne Zahldarstellung im Rechner erfolgt im Binärsystem und ist oft von Rechner zu Rechner und sogar auf demselben Rechner von Programmiersprache zu Programmiersprache unterschiedlich. Bei allen Darstellarten ergeben sich aber die gleichen prinzipiellen Probleme, die wir an einem Beispiel vorstellen wollen. (Sinclair – BASIC)

Für die Speicherung einer skalaren Variablen oder Konstanten werden 5 Byte (gleich 40 Bit) reserviert – dazu natürlich noch Platz für den Namen der Variablen / Konstanten. Ganze Zahlen i aus dem Bereich $[-65536; +65535]$ werden durch die Binärdarstellung von i, falls i positiv, und von $i + 131072$ für negatives i in Byte 3 und 4 exakt dargestellt, Byte 2 enthält den Vorzeichenkenner 0 für eine positive Zahl und 255 für eine negative. Zugunsten einfacherer Programmierung wird hier etwas Speicherplatz verschwendet. Abgesehen von Bereichsüberschreitungen werden

Addition, Subtraktion und Multiplikation exakt ausgeführt und es gelten die elementaren Regeln der Arithmetik (Kommutativität, Assoziativität und Distributivität), im Falle zu großer oder zu kleiner Ergebnisse wird automatisch auf die jetzt zu diskutierende Darstellung reeller Zahlen umgewechselt.

Jede reelle Zahl z läßt sich eindeutig darstellen als

$$z = \pm\, m * 2^e,$$

wobei m ein (möglicherweise unendlicher) Binärbruch der Form

$$0,1\, a_2\, a_3\, a_4 \ldots \quad \text{mit } a_i \in \{0,1\} \text{ (nicht alle } = 1)$$

ist und eine reelle Zahl aus $[0.5;1]$ darstellt. e ist eine beliebige ganze Zahl. Die interne Darstellung erfolgt nun so:

Ist $e < -127$, so wird ohne Fehlermeldung die ganze Zahl 0 wie oben abgespeichert.

Ist $e > 127$, so erfolgt eine Fehlermeldung ('Number too big').

Sonst wird in Byte 1 als Exponent die Zahl $e + 128$ abgespeichert und die ersten 32 Bit der Entwicklung von m in Byte 2 bis Byte 5. Da aber hier das erste Bit <u>immer</u> gleich 1 ist (wegen $m > 0.5$), wird diese Stelle als Vorzeichenkenner – 0 für positiv, 1 für negativ – verwendet und je nach Setzung von Bit 33 der Entwicklung wird in Bit 32 hinein gerundet.

Ein Beispiel:

π wird dargestellt durch

$$\pi = \frac{\pi}{4}\, 4 = +\,0.785398163397448\ldots * 2^{+2}$$

$$= \underbrace{10000010}_{\substack{\text{Exponent 2}\\ +128}}\overset{\uparrow}{}01001001\,|\,00001111\,|\,11011010\,|\,10100010$$

Exponent 2 +128 | Vorzeichen

Insgesamt arbeitet der Rechner also mit $2^{40} < 1.1*10^{12}$ verschiedenen reellen Zahlen, die alle in einem beschränkten Intervall rationaler Zahlen enthalten und dort ungleichmäßig verteilt sind. Sammeln wir einige Eigenschaften dieser Zahlenmenge:

1. Jede darstellbare reelle Zahl ist rational.

2. Die größte darstellbare positive Zahl ist etwa

$$z_{max} \approx 1.7 * 10^{38},$$

die kleinste darstellbare positive Zahl ist etwa

$$z_{min} \approx 2.9 * 10^{-39}.$$

3. Für jede darstellbare Zahl z ist auch ihre additiv Inverse (– z) darstellbar.
4. Die multiplikativ Inverse (1/z) einer darstellbaren Zahl z ist i.a. <u>nicht</u> darstellbar
und wird durch Rundung angenähert.
Beispiel:

$$z = 10 = \frac{10}{16} * 2^{+4}$$

$$= 10000100 | 00100000 | 00000000 | 00000000 | 00000000$$

$$\frac{1}{z} = 0.1 = 0.8 * 2^{-3}$$

$$= 01111101 | 01001100 | 11001100 | 11001100 | 11001101$$

$$\text{Vorzeichen}$$

Dabei ist Bit 32 gesetzt, da die Binärentwicklung von 0.8 periodisch ist
(0.1100...) und darin Bit 33 gesetzt ist.
5. Die Assoziativgesetze der Addition und Multiplikation, sowie das Distributivgesetz gelten nicht exakt.
Beispiele für die Verletzung der Assoziativität der Addition liefert folgendes
BASIC – Programm

```
10: RANDOMIZE
20: LET A=RND: LET B=RND*1E10: LET C=-(A-B)
30: LET F=((A+B)+C)-(A+(B+C)):
    IF F=0 THEN GOTO 20
40: PRINT "ASSOZIATIVGESETZ VERLETZT BEI"
50: PRINT "A="; A: print "B="; B: print "C="; C:
    PRINT "FEHLER:"; F
```

Speziell bei Rechnern, deren interne Arithmetik zunächst genauer arbeitet und dann
sinnvoll rundet, sind Verletzungen der anderen Gesetze schwerer hervorzurufen.
Deshalb hier ein Beispiel in zweistelliger dezimaler Rechnung:

```
Distributivgesetz:

1.6*(1.1 + 9.6E-2) = 1.6*1.2 = 1.9
1.6*1.1 + 1.6*9.6E-2 = 1.8 + 0.16 = 2.0
```

Assoziativgesetz der Multiplikation:

$1.6*(1.1 * 9.6E-2) = 1.6 * 0.11 = 0.18$
$(1.6*1.1) * 9.6E-2 = 1.8*9.6E-2 = 0.17$

6. Ist $z \in [-z_{max}, z_{max}]$, so wird bei Eingabe von z stattdessen die nächstliegende darstellbare Zahl $\tilde{z}$ abgespeichert und weiterverarbeitet. Dabei entstehen Fehler: Es sei

$$z = \overset{+}{_-} m \cdot 2^e \text{ mit } m \in [-0.5, 1].$$

Da die Binärentwicklung von m auf 32 Stellen beschränkt und je nach Setzung der 33-ten Stelle gerundet wird, erhalten wir statt m die Zahl $\tilde{m}$ und es gilt

$$|m - \tilde{m}| < 2^{-33}.$$

Daraus folgt

$$|z - \tilde{z}| = |m - \tilde{m}| \cdot 2^e < 2^{e-33} .$$

Dieser Betrag des <u>absoluten</u> Fehlers kann für große z beträchtlich sein, aussagekräftiger ist aber der <u>relative</u> Fehler $(z - \tilde{z})/z$, dessen Größe sich abschätzen läßt durch

$$\frac{z - \tilde{z}}{z} = \frac{|z - \tilde{z}|}{m * 2^e} < \frac{2^{e-33}}{\frac{1}{2} 2^e} = 2^{-32} = 2.3*10^{-10} =: \text{eps}.$$

Diese je nach interner Darstellung unterschiedlich große Zahl eps nennen wir Maschinengenauigkeit und die Abschätzung besagt, daß wir schon beim Abspeichern mit Fehlern in der zehnten Stelle rechnen müssen.

7. Die Menge der darstellbaren Zahlen ist unter den exakten arithmetischen Operationen <u>nicht</u> abgeschlossen und der Rechner ist auch nicht in der Lage, diese Operationen exakt auszuführen.

Extreme Beispiele:

$$z_{max} + z_{max} = \text{"Number too big"}$$

$$z_{max} - z_{min} = z_{max}$$

$$z_{min} * z_{min} = 0$$

$$z_{min} : \pi = 0$$

Jedoch ist auf heutigen Rechnern die interne Realisation der Grundoperationen so, daß für jede Operation $\sigma \in \{+, -, *, :\}$ und ihre zugehörige Rechnerrealisierung $\widetilde{\sigma}$ gilt

$$a \; \widetilde{\sigma} \; b = \widetilde{(a \; \sigma \; b)}, \quad \text{d.h.}$$

$$|(a \; \widetilde{\sigma} \; b)-(a \; \sigma \; b)| \leq |a \; \sigma \; b| \; (1+\text{eps})$$

oder

$$a \; \widetilde{\sigma} \; b = (1+\varepsilon)(a \; \sigma \; b) \; \text{mit} \; |\varepsilon| \leq \text{eps}$$

oder in Worten: Die relativen Fehler bei einer "Gleitpunktoperation" liegen in der Größenordnung der Maschinengenauigkeit.

Dies sagt uns noch nichts über die Fehler nach einer Vielzahl von Operationen. Bevor wir uns diesen widmen, erst noch einige Kommentare zu Fallen, die am Wege lauern:

Überlauf: Es kann leicht passieren, daß Zwischenergebnisse einer Rechnung auch bei darstellbaren Daten zu groß oder zu klein werden und zu Programmabbruch oder falschen Ergebnissen führen.

So kann bei üblicher Berechnung der Länge eines Vektors $V = (x,y)$ der Radikand $x^2 + y^2$ überlaufen, obwohl die Daten und das Ergebnis $b = \sqrt{x^2 + y^2}$ wieder im darstellbaren Bereich sind. Besteht diese Gefahr, so ist es günstiger, die größere Koordinate auszuklammern; in BASIC etwa als Subroutine:

```
1000: IF x>y THEN LET b = ABS(X)*SQR(1+Y*Y/(X*X)):RETURN
1001: LET B = ABS (Y)*SQR(1+X*X/(Y*Y)):RETURN
```

Unterlauf führt immer zu falschen Resultaten, wenn man versucht, eine Ableitung als Grenzwert der Differenzenquotienten zu berechnen. Wird nämlich bei z.B.

$$\lim_{h \to 0} \frac{f(x+h) - f(x)}{h}$$

h kleiner als z_{min}, so wird unabhängig von f und vom Algorithmus zur Berechnung der Funktionswerte (in dem zusätzliche Fehlerquellen stecken) $\widetilde{x+h} = x$ berechnet und der Grenzwert ist immer Null!

Bei der Berechnung von Größen durch Partialsummen schnell fallender Reihen erzielt man eine höhere Genauigkeit durch die umgekehrte Summationsreihenfolge, also mit kleinen Summanden beginnend; so werden fortlaufend Terme vergleichbarer Größe summiert und nicht sehr kleine Summanden zur bereits großen Partialsumme (Stellenverluste).

Es sei abschließend davor gewarnt, die bei umfangreicheren Problemen oft erforderlichen Indexrechnungen mit Zweierpotenzen mit der im Computer verfügbaren Exponentiation durchzuführen; die Folgen auch nur eines durch den kleinsten Rundungsfehler falschen Index in einem komplexen Algorithmus sind leicht auszumalen. In allen Sprachen, die – wie ELAN – zwischen INT – und REAL – Objekten trennen, werden Indexrechnungen deshalb grundsätzlich in INT – Objekten durchgeführt und der Nutzer muß sorgfältig darauf achten, daß im Verlaufe der Indexrechnung keine rechnerinterne Konvertierung INT $\rightarrow$ REAL (wie z.B. bei I = 2**N) erforderlich wird.

4.2 Fehler machen Fehler

Bislang haben wir uns mit den Fehlern beschäftigt, die zwangsläufig entstehen müssen, wenn wir ein zu lösendes Problem der Bearbeitung mit dem Computer anpassen. Durch die Grenzen der maschinellen Bearbeitung bedingt werden wir aber im Verlauf der Berechnungen Ausgangsfehler mitverarbeiten, laufend weitere (Rundungs –) Fehler machen und diese ebenfalls als fehlerhafte Eingangsdaten aller folgenden Verarbeitungsschritte weitergeben. Mathematische Berechnungen, die durch ein Computerprogramm gesteuert verlaufen, bestehen aus einer u.U. extrem langen Folge elementarer arithmetischer Operationen und vorgegebener Funktionsauswertungen (die wiederum aus mikroprogrammierten binär – arithmetischen Operationen bestehen, auf die wir keinen Einfluß haben), strukturiert durch einen der Berechnung zugrundeliegenden Algorithmus. Dabei kann allein schon bei ungeschickter Wahl dieser Rechenvorschrift die unvermeidliche Fortpflanzung der Eingangsfehler erhebliche Größenordnung erlangen.

Betrachten wir ein Beispiel ([1], S.15):

Das Integral

$$y_n = \int_0^1 \frac{x^n}{x + 5}\, dx$$

soll für ''alle'' natürlichen Zahlen n mittels Rekursion berechnet werden; durch direktes Einsetzen der Definition erhält man

$$y_n + 5y_{n-1} = \frac{1}{n}$$

und

$$y_0 = \ln(6) - \ln(5) \ .$$

Die daraus unmittelbar erstellten Programme

– in ELAN:

```
initialisiere;
iteriere.

initialisiere:
  REAL VAR y :: ln(6) - ln(5);
  INT VAR n :: 1.

iteriere:
  REPEAT
    put (n);
    put (y);
    line;
    y := 1.0 / real(n) - 5.0 * y;
    n INCR 1
  END REPEAT.
```

– in BASIC:

```
10: LET Y=LN(6)-LN(5): LET N=0
20: PRINT N, Y
30: LET N=N+1: LET Y=1/N-5*Y
40: GOTO 20
```

weisen schon nach wenigen Iterationen Ergebnisse mit unerwartetem Vorzeichen und anschließend abenteuerlichem weiterem Verhalten auf; der lapidare Grund: ein unvermeidlicher Fehler der Darstellung des Startwertes

$$y_0 = \ln(6) - \ln(5)$$

wird in jedem Schritt mit 5 multipliziert und sein Einfluß überwiegt bald die richtige Größe der positiven Nullfolge y_n!

Ein möglicher Ausweg in dieser konkreten Situation – Verwendung der umgekehrten Rekursion

$$y_{n-1} = \frac{1}{5n} - \frac{1}{5} * y_n$$

mit einem Startwert , z.B. y_{20}, der aus der Annahme

$$y_{20} \approx y_{19}$$

hergeleitet wird – führt aus dem gleichen Grund – jetzt wird der Startfehler jeweils durch 5 dividiert! – zu guten Werten für y_0 bis y_{18}.
Ebenso ungeschickt wäre es, den Wert der Exponentialfunktion immer über ihre Taylorreihe

$$e^x = \sum_{n=0}^{\infty} \frac{x^n}{n!}$$

berechnen zu wollen. Selbstverständlich steht die e – Funktion hier nur als leicht darstellbares Beispiel für andere über ihre Taylorreihe entwickelbare Funktionen ohne rechnerinterne Realisierung. Selbst wenn die relativen Fehler bei der Berechnung der einzelnen Summanden nur die Größenordnung der Maschinengenauigkeit haben, können diese für negative x und damit kleinen Funktionswert dominante Wirkung gewinnen. Denn z.B. für $x = -20$ ist der größte Summand

$$\frac{20^{20}}{20!} \approx 4.31 * 10^7 ,$$

im Vergleich zu $e^{-20} \approx 2 * 10^{-9}$. Ein relativer Fehler von 10^{-10} ergibt einen absoluten Fehler von etwa $4 * 10^{-3}$, der somit das $2 * 10^6$ – fache des Ergebnisses beträgt!
So verwundern auch nicht die schlechten Ergebnisse des folgenden, als Abschreckung bzw. zum Experimentieren gedachten, BASIC – Programms:

```
10: INPUT "ARGUMENT:"; X: LET F=SGN X:
    LET X=ABS X: LET N1=INT X
20: INPUT "SUMMATION BIS ?"; N:
    IF N<2*N1 THEN PAUSE "NICHT SINNVOLL1": GOTO 10
30: LET S=1: LET T=1
40: FOR I=1 TO N1: LET T=F*X*(T/I):
        LET S=S+T:
    NEXT I
50: FOR I=N1+1 TO N:
        LET T=F*T*(X/I):
    NEXT I
60: FOR I=N TO N1+1 STEP -1:
        LET S1=S1+T: LET T=F*T*(I/X):
```

```
      NEXT I
70: LET S= S+S1: PAUSE "NACH "+STR$ (N)+" TERMEN":
      PRINT S: PAUSE "MIT DEM FEHLER :":
      PRINT EXP(X*F)-S
80: END
```

Man beachte, daß die Berechnung von e^{-20} mit dem gleichen Programm fehlerarm möglich ist, wenn man damit e^{20} berechnet und invertiert!

Die schlechten Ergebnisse für negative Argumente werden durch einen weiteren Effekt verstärkt, der in seiner krassen Form als <u>Auslöschung</u> bezeichnet wird und immer dann von Bedeutung ist, wenn vergleichbare Größen voneinander subtrahiert werden (was bei obigen Summationen auch passierte). Ein kleiner relativer Fehler bei der Berechnung von Minuend und Subtrahend kann aufgrund der Auslöschung führender Stellen zu einem großen relativen Fehler der Differenz führen.

Das Auftreten dieses Problems ist bei der Berechnung von Differenzenquotienten bereits vorprogrammiert und greift i.a. viel früher als der oben geschilderte Unterlauf bei der Berechnung der Argumente; wegen der Division durch h wird der auslöschungsverstärkte Eingangsfehler noch weiter vergrößert. Doch betrachtren wir ein anderes Beispiel:

Zu berechnen sei die analytische Funktion

$$f(x) = \begin{cases} \dfrac{1-\cos x}{x^2} & \text{für } x \neq 0 \\[2ex] \dfrac{1}{2} & \text{für } x = 0 \end{cases} \qquad \text{in } [-1;1]$$

Das Programm

```
10: FOR I=-1 TO 1 STEP 0.01
20: IF I=0 THEN PRINT 0,0.5: NEXT I
30: LET F=(1-COSI)/I*I
40: PRINT I,F
50: NEXT I
```

zeigt noch realistisches Verhalten in der Umgebung der Null, fortlaufende Verfeinerung der Form

```
10: FOR I=-0.01 TO 0.01 STEP 0.001
```
oder
```
10: FOR I=-0.0001 TO 0.0001 STEP 0.00001
```

"beweisen numerisch, daß f unstetig in Null ist"!

Selbstverständlich ist diese Falschaussage eine Folge der Auslöschung und der dadurch verstärkten relativen Fehler bei der Berechnung von cos x. Die Verwendung der Taylorreihe für den Cosinus

$$\cos x = 1 - \frac{x^2}{2!} + \frac{x^4}{4!} - \frac{x^6}{6!} \cdots$$

führt zu

$$f(x) = \frac{1}{2} - \frac{x^2}{4!} + O(x^4)$$

und die Berechnung von f(x) durch

$$f(x) = \frac{1}{2} - \frac{x^2}{4!}$$

liefert in einer Umgebung von Null wesentlich bessere Ergebnisse.

Ein ähnliches Beispiel ist die Berechnung von sinh x gemäß der Darstellung

$$\sinh y = \frac{1}{2} (e^x - e^{-x})$$

unter Benutzung der rechnerinternen e–Funktion im Vergleich zum Anfang der Reihenentwicklung

$$\sinh x = x + \frac{x^3}{6} + \frac{x^5}{120} \cdot$$

In einer Umgebung von x = 0 ergeben sich die zu erwartenden Vorteile des zweiten Ansatzes. Beim Ablauf des obigen BASIC–Programms fällt auf, daß (zumindest auf dem Sinclair–Spectrum) nie die Ausgabe aus Zeile 20 erfolgt, sondern stattdessen die Werte

    I = 6.2937033E-10 und F = 0

ausgegeben werden, somit also die Bedingung I = 0 in der Schleife nie erfüllt ist. Bei genauerer Betrachtung der Ausgabewerte sieht man, daß dieser Fehler beim Übergang von I = −0.11 auf I = 0.1 (nämlich stattdessen auf I = −0.09999999) erstmals auftritt, also an der anfangs dargestellten nicht möglichen exakten Darstellung der Zahl 0.1 im Rechner liegt. Nun führte dies im obigen Programm zu keinen zusätzlichen Problemen, aber eine Warnung sei angebracht:
<u>Man hüte sich vor Bedingungen, speziell Abbruchkriterien, in denen exakte Gleichheit verlangt wird!</u> Diese sind der beste Weg zu endlosen Programmläufen. Statt-

dessen prüfe man, ob der Betrag der Differenz der zu vergleichenden Größen genügend klein (z.B. < 2 eps) geworden ist.

Bei der Bearbeitung eines konkreten, umfangreichen Problems ist das Auftreten von Auslöschungen nicht so leicht vorhersehbar wie in unseren Beispielen. So wird auch bei den noch folgenden etwas allgemeineren Betrachtungen zur Fehlerfortpflanzung oft der letztendlich die Fehlerverstärkung verursachende Grund eine Auslöschung in einem Zwischenschritt sein.

Auch ohne mathematisch schlüssige Herleitung dürfte unmittelbar einsichtig sein, daß bei der Berechnung von Ergebnissen $y = (y_1,...,y_n)$ aus Eingangsdaten $x = (x_1,...,x_n)$ mittels einer diese verbindenden differenzierbaren Funktion das Maß der Fortpflanzung der absoluten Fehler in den Eingangsdaten in erster Näherung, bezeichnet mit "$\doteq$", bestimmt wird durch die Ableitungen der Funktion nach den Eingangsvariablen, gebildet an der Stelle der echten Eingangsdaten.

$$y_i + \Delta y_i = f_i(x_1 + x_1,...,x_m + x_m)$$

$$\doteq f_i(x_1,...,x_m) + \sum_{j=1}^{m} \frac{\partial f_i}{\partial x_j} \Delta x_j$$

d.h. in üblicher Notation

$$\Delta y_i = Df_i(x) \Delta x$$

Entsprechendes gilt nach elementarer Umformung auch für die relativen Fehler

$$\frac{\Delta y_i}{y_i} = \frac{\Delta y_i}{f_i(x)} = \sum_{j=1}^{n} \frac{x_j}{f_i(x)} \cdot \frac{\partial f_i}{\partial x_j} \cdot \frac{\Delta x_j}{x_j}$$

Hier ist z.B. direkt die verheerende Wirkung der Auslöschung abzulesen, da der dabei kleine Wert der Differenz im Nenner auftritt. Die Zahlen

$$\frac{x_j}{f_i(x)} \cdot \frac{\partial f_i}{\partial x_j}$$

bestimmen daher, wie stark sich ein relativer Eingangsfehler in x_j auf den relativen Fehler des Wertes y_i auswirkt; sie heißen Konditionszahlen des Problems.

Diese ganzheitliche Betrachtung der Bearbeitung ist bei konkreter Durchführung auf dem Rechner nicht mehr zu rechtfertigen. Stattdessen erhalten wir folgende Situation (die wir nur noch verbal beschreiben werden):

Die Funktion $f = (f_1,\ldots,f_n)$ wird ausgewertet mittels einer Faktorisierung in einer großen Anzahl hintereinander geschalteter elementarer Funktionen; dabei ist jeder bei einem Zwischenschritt anfallende Rundungsfehler der meist verstärkenden Wirkung der Konditionszahlen aller noch folgenden Schritte unterworfen.

Bleibt trotzdem – zumindest der Größenordnung nach – die Auswirkung der Zwischenschrittfehler etwa so groß wie die unvermeidliche Auswirkung der Fehler der Eingangsdaten, so nennen wir diese konkrete Faktorisierung, die ja nur eine von vielen möglichen ist, einen gutartigen Algorithmus.

Ein viel strapaziertes Beispiel mag den Unterschied verdeutlichen:

Die Berechnung der Konditionszahlen ist durch Kürzen einfach für die Funktion

$$F(u,v) = (u,v),$$

also

$$DF = \begin{pmatrix} 1 & 0 \\ 0 & 1 \end{pmatrix}.$$

Betrachten wir nun eine häufig anzutreffende Faktorisierung, die dem Leser von der Behandlung quadratischer Gleichungen bekannt ist:

$$\begin{aligned}
(u,v) &= F(u,v) \\
&= \text{Nullstellen des Polynoms } (x-u)\cdot(x-v) \\
&= \text{Nullstelle von } x^2 - px + q
\end{aligned}$$

mit

$$(u+v) =: p \text{ und } u\cdot v =: q.$$

Die Nullstellen von

$$x^2 - px + q = 0$$

sind gegeben durch

$$x_{1,2} = \frac{p}{2} + \sqrt{\frac{p^2}{4} - q}$$

und wir erhalten

$$(u,v) = (\frac{u+v}{2} + \sqrt{\frac{(u+v)^2}{4} - uv} \;,\; \frac{u+v}{2} - \sqrt{\frac{(u+v)^2}{4} - uv} \;)$$

faktorisiert durch

$$(u,v) \overset{1}{\to} (p=(u+v),\; q=uv)$$

$$\overset{2}{\to} (\frac{p}{2} + \sqrt{\frac{p^2}{4} - q} \;,\; \frac{p}{2} - \sqrt{\frac{p^2}{4} - q} \;)$$

$$= (u,v)$$

Schon die Konditionszahlen des ersten Schrittes

$$\begin{pmatrix} \dfrac{u}{u+v} & \dfrac{v}{u+v} \\[2mm] 1 & 1 \end{pmatrix}$$

weisen auf die Gefahr der Auslöschung bei $u \approx -v$ hin, interessanter ist aber der zweite Schritt; bezeichnet

$$D = + \sqrt{\frac{p^2}{4} - q}$$

die Wurzel der Diskriminante des Gleichungssystems, so erhalten wir die Konditionszahlen

$$\begin{pmatrix} \dfrac{pD + \dfrac{p^2}{2}}{pD + 2D^2} & \dfrac{-q}{pD + 2D^2} \\[4mm] \dfrac{pD - \dfrac{p^2}{2}}{pD - 2D^2} & \dfrac{q}{pD - 2D^2} \end{pmatrix}$$

und in den Fällen $p \approx 2D$ oder $-p \approx 2D$ wird die Berechnung eine der beiden Nullstellen bei vorliegenden Fehlern der Koeffizienten verstärkte relative Fehler aufweisen. Glücklicherweise schließen Auslöschung im ersten Schritt ($u \approx -v$) und die im zweiten Schritt ($q \approx 0$) bis auf triviale Fälle einander aus. Beschaffen wir uns ein Beispiel für Fehler durch den zweiten Schritt, also die allgemein bekannte Lösungsformel für quadratische Gleichungen:

```
10: INPUT "NULLSTELLE 1:", U:
    INPUT "NULLSTELLE 2:", V
20: LET P=(U+V): LET Q=U*V
30: LET X1=P/2+SQR(P*P/4-Q):
    LET X2=P/2-SQR(P*P/4-Q)
40: PRINT X1,U: PRINT X2,V: GOTO 10
```

Eingabe von großem U und kleinem V ergibt die zu erwartenden Fehler, und dies schon bei U = 1000 und V = 1. Abhilfe schaffen hier die Änderungen

```
28: LET D=-SGN(P)*SQR(P*P/4-Q): LET X1=D-P/2
29: IF X1=0 THEN LET X2=0: GOTO 40
30: LET X2=Q/X1
```

Aus diesem Beispiel ist zu lernen, daß zum ersten zwar naheliegende, aber für bestimmte Datensätze ungeeignete Algorithmen schlechte Ergebnisse liefern können, diesem Resultat aber oft – nach Erkennen des Problems – durch leichte Umformung begegnet werden kann. Zum zweiten ist, ähnlich wie aus anderen Gründen bei der Lagrange – Interpolationsformel, nicht jede die Existenz einer Lösung beweisende Formel zur Berechnung dieser Lösung geeignet.

In der Literatur werden Methoden entwickelt, die "Artigkeit" eines Algorithmus systematisch zu ermitteln. Bei der "backward analysis" wird z.B. untersucht, ob die fehlerbehafteten Ergebnisse eines Algorithmus sich darstellen lassen als exakte Ergebnisse des gleichen Algorithmus mit anderen Eingabedaten, die sich von den echten um (etwa) eps nur unterscheiden. Daraus folgt dann leicht die Gutartigkeit. Auch wenn sich so mit noch vertretbarem Aufwand die Gutartigkeit z.B. des Skalarproduktes bei nicht zu großer Dimension herleiten läßt, wird der Aufwand bei anderen Problemen leicht größer als der zur konkreten Lösung erforderliche.

An dieser Stelle ist Platz für ein Zitat eines meiner akademischen Lehrer: "Die Lösung dieses Problems ist zu wichtig, als daß wir auf einen Beweis seiner Lösbarkeit warten könnten!"

Dem Leser sei empfohlen, bei eigenen Problemen Testrechnungen mit nahe benachbarten Daten durchzuführen, aber auch mit extremen, noch zulässigen Daten und die Ergebnisse auf Plausibilität zu untersuchen; gehörige Skepsis ist mit den bisherigen Beispielen hoffentlich geweckt.

Literaturverzeichnis

[1] Björck, Ake/ Dahlquist, Germund
Numerische Methoden
München 1972

[2] Engel, Arthur
Elementarmathematik vom algorithmischen Standpunkt
Stuttgart 1976

[3] Klingen, Leo H./ Liedtke, Jochen
Programmieren mit ELAN
Stuttgart 1983

[4] Paulin, Gerhard/ Griepentrog, Eberhard
Numerische Verfahren der Programmiertechnik
Berlin 1975

[5] Samuelson, Paul A.
Economics
Tokio

[6] Schick, Karl
Probleme aus der Preistheorie
Frankfurt 1980

[7] Sedgewick, Robert
Algorithms
Reading 1980

[8] Tischl, Gerhard
Angewandte Mathematik
Frankfurt 1980

[9] Werner, Helmut
Praktische Mathematik I
Heidelberg 1975

[10] Werner, Helmut/ Schaback, Robert
Praktische Mathematik II
Heidelberg 1979

[11] Wille, Friedrich
Analysis
Stuttgart 1976

[12] Numerische Mathematik in SII
Landesinstitut für Curriculumentwicklung
Neuss 1982

[13] Feigenbaum, Mitchell J.
Quantitative Universality for a Class of Nonlinear Transformations
Journal of Statistical Physics, Vol. 19, No. 1, 1978

[14] Klingen, Leo H.
Algorithmen für die Analysis in der Schule
Schriftenreihe des IDM 7/1976/81

[15] Statistisches Jahrbuch für die Bundesrepublik Deutschland 1982
Berlin

[16] Statistisches Jahrbuch für die Bundesrepublik Deutschland 1983
Berlin

Stichwortverzeichnis

MikroComputer–Praxis
DISKETTEN

Die nachstehenden Disketten (5 ¼ Zoll) enthalten die Programme der gleich-
namigen zugehörigen Bücher, wobei Verbesserungen oder vergleichbare
Änderungen vorbehalten sind.

Duenbostl/Oudin/Baschy: **BASIC-Physikprogramme 2**
Diskette für Apple II
Empf. Preis DM 52,–
Diskette für C 64 / VC 1541, CBM-Floppy 2031, 4040; SIMON'S BASIC
Empf. Preis DM 52,–

Erbs: **33 Spiele mit PASCAL**
. . . und wie man sie (auch in BASIC) programmiert
Diskette für Apple II; UCSD-PASCAL   Empf. Preis DM 46,–

Grabowski: **Computer-Grafik mit dem Mikrocomputer**
Diskette für Apple II
Empf. Preis DM 48,–
Diskette für C 64 / VC 1541, CBM-Floppy 2031, 4040
Empf. Preis DM 48,–
Diskette für CBM 8032, CBM-Floppy 8050, 8250; Commodore-Grafik
Empf. Preis DM 48,–

Hainer: **Numerik mit BASIC-Tischrechnern**
Diskette für C 64 / VC 1541; CBM-Floppy 2031, 4040   Empf. Preis DM 48,–

Hoppe/Löthe: **Problemlösen und Programmieren mit LOGO**
Ausgewählte Beispiele aus Mathematik und Informatik
Diskette für Apple II; IWT-LOGO
In Vorbereitung
Diskette für C 64 / VC 1541; CBM-Floppy 2031, 4040
In Vorbereitung

Lehmann: **Projektarbeit im Informatikunterricht**
Entwicklung von Softwarepaketen und Realisierung mit PASCAL
Diskette „ZINSY" (Zeitschriften-Informationssystem) für Apple II; UCSD-PASCAL
Empf. Preis DM 46,–
Diskette „MUCHO" (Multiple Choice-Test) für Apple II; UCSD-PASCAL
Empf. Preis DM 46,–

Lehmann: **Lineare Algebra mit dem Computer**
Diskette für Apple II; UCSD-PASCAL
Empf. Preis DM 46,–

Menzel: **BASIC in 100 Beispielen**
Diskette für Apple II; DOS 3.3   Empf. Preis DM 42,–
Buch mit Beilage Diskette für CBM-Floppy 8050, 8250   DM 62,–
Diskette für C 64 / VC 1541; CBM-Floppy 2031, 4040   Empf. Preis DM 42,–

Menzel: **Dateiverarbeitung mit BASIC**
Diskette für Apple II; DOS 3.3 bzw. CP/M   DM 48,–

Mittelbach: **Simulationen in BASIC**
Diskette für Apple II; DOS 3.3   Empf. Preis DM 46,–

Nievergelt/Ventura: **Die Gestaltung interaktiver Programme**
Buch mit Beilage Diskette für Apple II; UCSD-PASCAL   DM 62,–

Ottmann/Schrapp/Widmayer: **PASCAL in 100 Beispielen**
Diskette für Apple II; UCSD-PASCAL   Empf. Preis DM 48,–

Die Reihe wird durch weitere Bände und Disketten fortgesetzt.

Preisänderungen vorbehalten

⧉ B. G. Teubner Stuttgart

MikroComputer-Praxis

Die Teubner Buch- und Diskettenreihe für
Schule, Ausbildung, Beruf, Freizeit, Hobby

Fortsetzung

Menzel: **BASIC in 100 Beispielen**
4. Aufl. 244 Seiten. DM 24,80

Menzel: **LOGO in 100 Beispielen**
In Vorbereitung

Mittelbach: **Simulationen in BASIC**
182 Seiten. DM 23,80

Nievergelt/Ventura: **Die Gestaltung interaktiver Programme**
124 Seiten. DM 23,80

Ottmann/Schrapp/Widmayer: **PASCAL in 100 Beispielen**
258 Seiten. DM 24,80

Otto: **Analysis mit dem Computer**
239 Seiten. DM 23,80

v. Puttkamer/Rissberger: **Informatik für technische Berufe**
Ein Lehr- und Arbeitsbuch zur programmierbaren Mikroelektronik
284 Seiten. DM 23,80

Weber/Wehrheim: **PASCAL-Programme im Physikunterricht**
In Vorbereitung

Die Reihe wird durch weitere Bände und Disketten fortgesetzt.

 B. G. Teubner Stuttgart